展示の舞台裏を
知ればもっと楽しい

恐竜の魅せ方

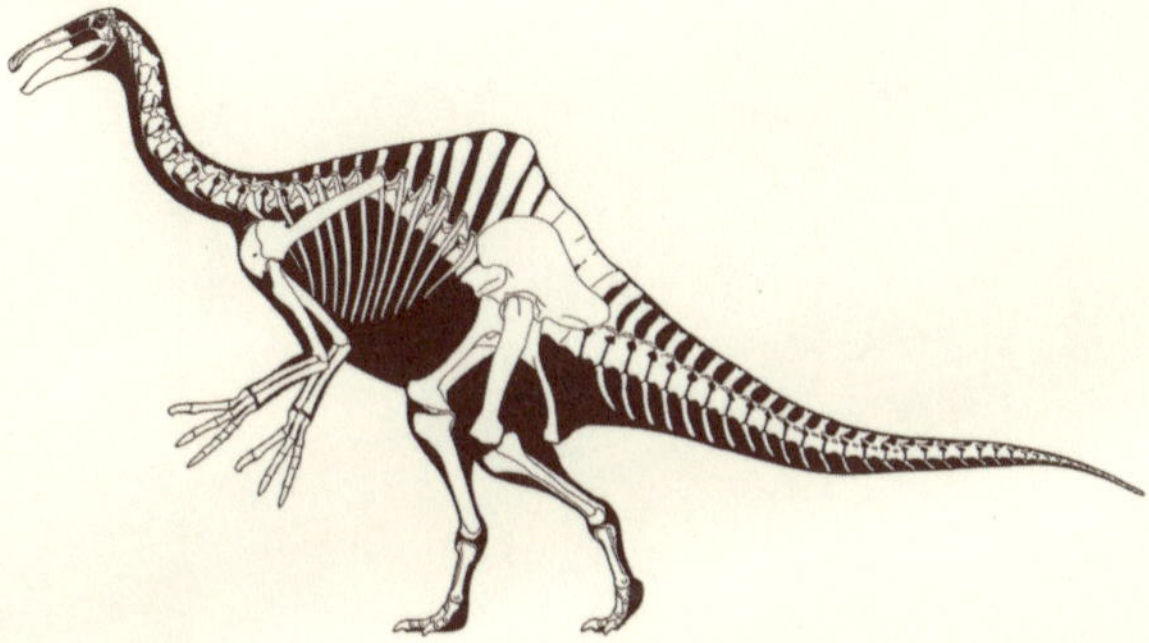

真鍋 真

CCCメディアハウス

はじめに

この本を手にとってくださった方は、きっと恐竜がお好きで、博物館の恐竜の展示室を訪れたり、期間限定の恐竜展などへ出かけたりしてくださっていると思います。

恐竜展が始まるとき、私には監修者として来場のみなさんの前で挨拶をしたり、新聞や雑誌などの取材に応えて展示室をご案内したりすることが、多々あります。

監修者の仕事は、展示が学術的に正しいこと、重要な内容であることが第一ですが、その解説がわかりやすいかどうかをアドバイスしたり、魅力ある展覧会にするためのアイデアを提案したりすることも含まれます。

恐竜展示は、数多くの人たちの共同作業によってできています。恐竜に次いで図々しく目立っているのは、私のような監修者かもしれません。

しかし、私はいつも、展覧会を一緒に作ってきた仲間を代表して、ご挨拶させていただいています。

みなさんは、アメリカで出版された『スミソニアンに恐竜がやってきた!』（ジェシー・

ハートランド著、志多田静訳、六耀社）という絵本をご存じでしょうか。イラストレーターのジェシー・ハートランドさんが子どもたちのために描いた本で、主人公はディプロドクス。首と尻尾の長い四足歩行の大型草食恐竜の化石です。実際に、スミソニアン国立自然史博物館に展示されている全身骨格で、骨格のほとんどが実物の化石で構成されたホロタイプ標本（完模式標本）です。

この化石の発見から博物館に展示されるまでに関わった人々のうち、本の中に登場するのは、「恐竜ハンター」「古生物学者」「発掘チーム」「運送屋さん」「キュレーター（学芸員）」「標本製作者」「夜間警備員」「溶接工」「クレーンなどの重機操作者」「展示デザイナー」「清掃員」といった人々です。

「古生物学者」と「標本製作者」が相談しながら全身骨格を組み立てる作業だけで七年の歳月が流れ、ようやく展示が始まり、「館長」の挨拶で終わります。骨格標本を支える支柱を作る「溶接工」や、組み立て作業のための「クレーンなどの重機操作者」の方々の助力は外せませんが、直接恐竜には関係のない「夜間警備員」や「清掃員」が入っているところも気に入っています。本当に、大勢の方々に支えられて博物館の展示は成り立っているのだと実感させられます。

期間限定の恐竜展のように、大勢の方々が訪れる特別展の場合はなおのこと、宣伝をしてくださる方々や会場整理をしてくださる方々なども含め、さらに大勢のみなさんのご協力によって成り立っています。

ところで、展覧会に行って、周りの人が楽しそうに展示を見ているとうれしくなったり、聞こえてくる会話に思わず頷いてしまうことはありませんか？　私は、恐竜の展示を見に来てくださる来館者のみなさんも、恐竜が好きなチームの一員だと勝手に思っています。

この本を書いている今は、「恐竜博２０１９」の開催準備の真っ最中。毎日のように各所から確認のメールが届いています。進行中の「『恐竜博２０１９』ができるまで」の話題にふれながら、これまでに開催してきた恐竜展示の舞台裏も振り返りつつ、展示を支えてくださっているみなさんの仕事ぶり、そしてその仕事から恐竜の新たな魅力をご紹介できればと思っています。

恐竜の魅せ方　目次

第一章　化石を立ち上がらせる

第二章　生きた姿に戻す

第三章　恐竜博を始めよう

第一章

化石を立ち上がらせる

日本でも復元骨格が作れる時代に

恐竜博間近になっていよいよ骨格の組み立てが始まると、開催まであと少し。「一週間前にティラノサウルスの骨格標本が組み立てられました。○月○日から公開です」といったニュースをご覧になったことがある方も多いと思いますが、あれは広報担当者が展覧会を盛り上げるために関係者やメディアの方々をお招きし、見せ場となる組み立て作業を公開したときの映像です。

ニュースではちらっとしか映りませんが、カメラの前で私たちのような研究者が、その恐竜の説明や展示の見どころを説明しているかたわらで黙々と作業を続け、巨大な全身骨格標本に頭骨を乗せたり、あしの骨を取りつけたりしているのが、組み立てを仕事としている方々。この章の主人公です。

恐竜骨格の組み立てはほとんどの場合、輸送とリンクしています。貴重な標本を運ぶ際は、美術品輸送などを専門とされている会社や部門にお願いしますが、梱包を解いて組み上げるのは、恐竜などの骨格の組み立て経験のある専門家の仕事です。

バラバラに箱詰めされて運ばれてきた大きな化石標本を、重機を使って組み上げるとき、どこから組み始めればいいのか、どこを支えていればいいのか、細心の注意を払って作業しなければなりません。うっかり変なところをつかんで折れてしまったりしたら、一大事！　化石のことがわかっている人でなければ、さわらせてはもらえないのです。

一九六八年にフタバスズキリュウ（首長竜）の化石が見つかり、その十年後の一九七八年に「モシリュウ」（竜脚類恐竜）の化石が見つかるまで、「日本には恐竜はいなかった」と思っていた人も少なくありませんでした。また、そのあとに少しずつ見つかり始めた恐竜の化石も、歯だけ、脊椎だけというように骨のほんの一部でしたから、そもそも日本で復元骨格を一から作る機会はありませんでした。

全身復元骨格を展示して恐竜博を開催する場合も、常設展示を行う場合も、海外の標本をお借りするか購入するかだったため、組み立てに必要な支柱なども海外で製作されたものが使われていました。

常設展示のために全身骨格のレプリカを購入する場合も、「こういう展示室のこの位置に、左側から見ることができるように展示したい」「三六〇度、ぐるっと見ることができる展示にしたい」という要望を海外の会社に伝え、そのように組み立てられるように支柱を製作してもらっていました。骨のレプリカだけを輸入して、支柱などの組み立てに必要なパーツを日本で好きなように作るということは、以前はなかったのです。

日本の恐竜復元骨格の第一人者

日本で最初の恐竜化石が発見されてから四〇年以上経った現在も、実物化石をクリーニングして岩石の中から取り出し、レプリカを作り、足りない部位を補い、組み立てに必要な支柱作りも含めて、組み立て展示全般を手がけられるところは、日本では高橋功《たかはしいさお》さんが代表を務める「ゴビサポートジャパン」くらいです。

日本各地の恐竜関係の博物館から頼りにされるゴビサポートジャパンには、さまざまなお願いが寄せられています。「高橋さんならきっと何とかしてくれる」という絶大な信頼があります。無理なお願いもたいてい叶えてくださるので、いつも申し訳ないと思っています。

例えば、先日もある自治体から「小規模な恐竜展をやりたいので、国立科学博物館（以下、科博）の恐竜化石や標本類を、トラック一台分で輸送できるような予算でお借りしたい」という依頼がありました。そのときも高橋さんが「引き受けましょう」といってくださり、茨城県つくば市にある科博の収蔵庫から西日本の開催地まで標本を輸送して、現地で組み立て展示をするところまで担当していただきました。

恐竜がみなさんの前に姿を現すまでには、「はじめに」のところでご紹介したスミソニアン国立自然史博物館のディプロドクスの例のように、さまざまな過程があります。化石を探して発掘してそれをクリーニングして、岩石の中から削り出して、見つからない部分はレプリカを作って、全身骨格を組み立てて、博物館などに展示する。それで初めてみなさんの前に恐竜が姿を現すわけですが、私たちのような研究者は別として、その全過程に関わっていらっしゃる方は私の知る限り、日本では高橋さんしかいません。

高橋さんご自身は「私は恐竜の専門家ではありませんから」と謙遜されますが、「恐竜博2016」でも今回の「恐竜博2019」でも、ゴビサポートジャパンの協力なしには語れません。

これまで科博で開催してきた恐竜展覧会の、例えば二〇一三年の「大恐竜展　ゴビ砂漠の驚異」の巨大竜脚類「オピストコエリカウディアの世界初挑戦の組み立て復元」も、「恐竜博2016」で話題になった「チンタオサウルス復元プロジェクト」も、「恐竜博2019」の目玉展示となる「デイノケイルスと『むかわ竜』の全身復元骨格」も、ゴビサポートジャパンが担当してくださっています。

そもそも高橋さんは群馬県前橋市の勢多農林高等学校を卒業後、生まれ育った群馬県多野郡中里村でキノコ栽培をなさっていた方。そういう方が、なぜ日本の恐竜研究や恐竜展示になくてはならない第一人者になられたのか、その不思議なご縁とは何だったのか。

ここからは、高橋さんご本人に直接お話しいただくことにしましょう。高橋さん、お願いします。

小さな村の大きな挑戦「恐竜で村おこし」

高橋功さん（ゴビサポートジャパン）

私が生まれた群馬県多野郡中里村は、二〇〇三年の町村合併で今は群馬県神流町《かんなまち》という町名に変わりました。熱心な恐竜ファンならきっとご存じだと思いますが、「神流町恐竜センター」がある、あの神流町です。

関東一都六県のうち唯一恐竜の化石が見つかった地域で、一九八一年に日本で三番目となる恐竜化石「サンチュウリュウ（オルニトミモサウルス類）」の胸胴椎《きょうどうつい》（腰のあたりの背骨）の化石が発見されています。さらに一九八五年には、国道二九九号沿いの「漣岩《さざなみいわ》」の表面に並んだ穴が、日本初となる「恐竜の足跡化石」だと発表されました。

漣岩は一九五三年の道路工事の際に露出した垂直の崖で、約一億二〇〇〇万年前の白亜紀の波打ち際だった場所です。私の生家から二〇〇メートルぐらいのところにあって、子どもの頃の遊び場でした。

漣痕《れんこん》（潮の満ち引きでできる水紋）がきれいに残っていることから県の天然記念物に指定されていますが、私が遊んでいた頃はもっときれいで、黒光りしていました。奇妙な穴が並んでいるのも知ってはいましたが、「日本には恐竜はいなかった」と信じられていた頃ですから、まさかあれが恐竜の足跡だとは夢にも思いませんでした。

恐竜もゴジラも好きでしたが、子どもの頃から夢中になっていたのは、キノコです。キノコ採りが面白くて野山を駆け回っていました。「将来はキノコ栽培の仕事で飯が食えたらなあ」と思って農業高校に進学し、卒業後に念願のキノコ農家に。キノコの栽培棟を作ったり、専用の機械を発注したり、仕事は充実していました。

でも、忘れもしない一九七一年六月。キノコ栽培の設備も整い、事業も軌道に乗って、さあこれから世界中のキノコを作っていこうと意気込んでいた矢先のことです。村長から、「村役場に入って地域の開発をやってもらえないだろうか」と誘われました。まさか将来「恐竜で村おこし」をすることになるとは露知らず、山間の小さな村を豊かにしたいと願う村長の意気に惚れて、「私でいいなら手伝いますよ」と承知したのです。

それからの十数年は中里村役場の建設課に在籍し、橋を架けたり道を作ったり、さまざまな大規模開発に携わっていました。

一九八五年に、漣岩の奇妙な穴が実は恐竜の足跡だったと発表されたとき、夜になって取材にきた新聞社の人に応対したのは私です。

漣岩の前で「指、差してもらえますか?」といわれて、「こんなに暗いのに写るんですか?」と聞いたら、「大丈夫ですよ」といって、思いっきりフラッシュを焚いて撮影されました。

その写真が新聞に発表され、そうこうしているうちに「恐竜で村おこしをしよう」「中里村を恐竜王国にしよう」という話になり、いよいよ私と恐竜のつきあいが始まるわけです。

「太古の館」プロジェクト

神流町(旧中里村)からなぜ恐竜化石が見つかるのかというと、ここが「山中《さんちゅう》地溝帯《ちこうたい》」と呼ばれる白亜紀の地層だからです。関東山地の北側、埼玉県西部から群馬県南部を通って長野県佐久穂町まで、長さ約四〇キロメートル、幅二~四キロメートル、その名の通りベルト状の溝が続いています。神流町は今でこそ山の中ですが、白亜紀には海岸に面した三角州だった場所だといわれ、その証拠にアンモナイトや三角貝などの化石もたくさん出てきます。

そこで当時の村長の掛け声のもと、恐竜をテーマに村おこしをすることになり、成り行きで、私が村役場の「恐竜係」を任されました。

恐竜は好きでしたが、そもそも全くの素人です。語れるほどの恐竜知識なんてありませんから、少し長めのお盆休みをもらって科博に通い、地球の歴史や恐竜のことを学んだり、相談したりするところからのスタートです。

長らく開発に携わってきたので、中里村「恐竜王国」構想の中心施設となる「太古の館」（現在の神流町恐竜センター）を建設すること自体は、別に難しいことではありません。都市との交流事業ということで補助金も申請できましたし、イベント開催のできる体育館や売店、ドライブイン代わりに気軽に立ち寄ってもらえるレストランも併設しようと構想もふくらみました。

ただ、何といっても大切なのは中身です。展示のコンセプトやストーリーは、研究者の方々とも相談しながら「こんなものがいいんじゃないか」とか、「こうしたらお客さんも喜ぶんじゃないか」と会議を重ねていったのですが、そのときの村の財産といえば、「サンチュウリュウ」の胸胴椎の化石と恐竜の足跡化石が残る白亜紀の地層だけ。展示物として見た場合、はっきりいってしまうと地味ですよね。確かに、日本初という栄誉ある足跡化石です。ここで恐竜が生きていたという重要な証ですから、研究する人々にとっては、本当に貴重なものだと思います。

でも、奇妙な穴が並んだ崖を見ても、子どもたちは喜びませんし、ティラノサウルスの全身骨格を見たときの、あの感動にはとうていかなわない。発表された直後は珍しがって来てくださる方がいたとしても、一時のブームで終わるだけです。

JR高崎駅から車で一時間半ぐらいかかる山の中まで足を運んでもらうには、迫力が足りない。「恐竜王国」としての村おこしを期待する声がある一方、「太古の館」建設を危惧する意見もありました。

恐竜係になった以上は、何とかしたい。行ってみたいと思わせる目玉となるものが何かないか、思いあぐねてひらめいたのが、足跡化石の発表と同じ年に開催されていた「国際科学技術博覧会（通称：つくば科学万博'85）」の富士通パビリオンで、話題を集めていた恐竜ロボットでした。

「あれを譲ってもらえれば、目玉展示になる！　あとは、中里村の白亜紀の地層とその時代に生きていた恐竜の話をテーマにすれば、魅力ある展示になるのではないか」そう思いました。

恐竜係になった二年後、思いつく限りの知恵をしぼって建物も展示物も整え、一九八七年五月一日にオープンしたのが「太古の館」、現在の「神流町恐竜センター」です。山間の小さな村の大きな挑戦でした。

モンゴルの恐竜化石

オープンから三〇年以上が過ぎた今、神流町恐竜センターには、ほかではなかなか見ることのできない標本が数多く展示されています。

全長一二メートルもある巨大なティラノサウルスの産状骨格は、アメリカ・モンタナ州のロッキー博物館にある実物をガラス繊維セメントと鉄筋で復元したもので、誰でも遠慮なく上に乗ってじっくり観察することができる標本です。

「産状」というのは、「発見されたときの状態」を指す言葉ですが、まさに発掘作業が進んでティラノサウルス骨格の全貌が見えた瞬間の、研究者たちと同じ感動を味わっていただけるのではないでしょうか。

モンゴルで見つかった肉食恐竜ヴェロキラプトルと、草食恐竜プロトケラトプスが互いに絡み合ったまま発見された「格闘化石」のレプリカも、見ものの一つです。これは、砂

神流町恐竜センター屋外のティラノサウルスの骨格標本には、さわることも乗ることもできる（提供：朝日新聞社）

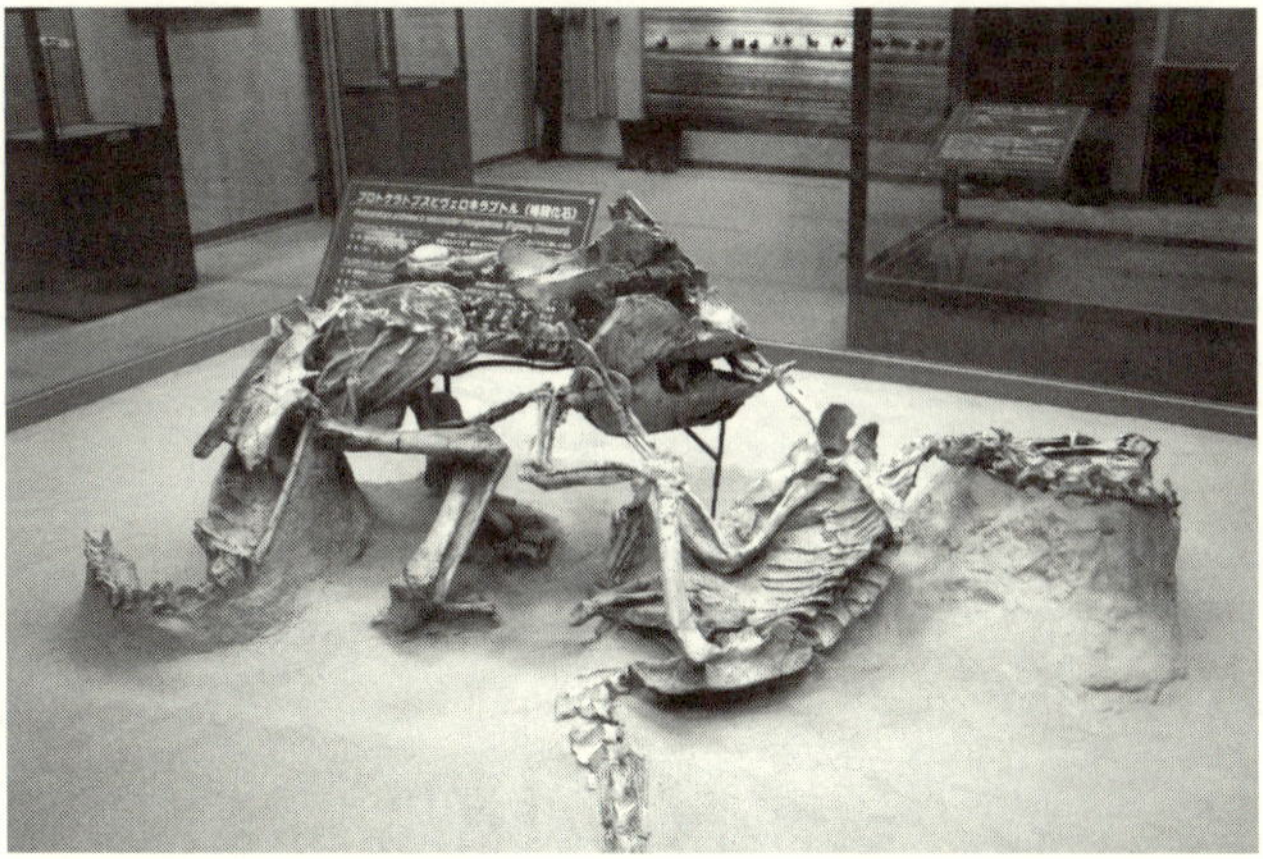

モンゴルで見つかった格闘化石のレプリカ（提供：朝日新聞社）

嵐に埋もれてそのまま化石になったのではないかといわれている、世界でも珍しい化石です。恐竜ロボットが白亜紀の世界を再現する「ライブシアター」や、タルボサウルスの全身復元骨格も見応えがあります。

オープン当初からは考えられないくらい充実した展示になっているので、ぜひ一度足を運んでみてください。オリジナルフィギュアもなかなかの出来栄えだと思います。

今でこそずいぶん展示も充実しましたが、客足が遠のいて存亡の危機がささやかれるようになった時期もありました。その窮地を救ってくれたのが、これからお話しするモンゴルのゴビ砂漠の恐竜たちと、モンゴル科学アカデミー古生物センター所長リンチェン・バルズボルド博士との出会いでした。

そのときは、まさかその後自分が村役場を辞めて、恐竜の仕事で独立することになるなんて想像もしていませんでした。そもそもの人生設計では、キノコを育てて生涯を送るつもりだったんですから。

ゴビ砂漠に行くと、本当に驚くことばかりです。「足跡化石で村おこし」と思っていたことがおかしく思えるくらい、恐竜の足跡化石がゴロゴロしています。足跡の中に足跡が重なっていたりしても、誰も見向きもしない。そのくらい足跡だらけです。

貝の化石だって、それこそ潮干狩りができるくらい一面の「貝、貝、貝、貝」です。湖に繁殖していた貝が洪水などで埋もれたのでしょう。かつて湖の底だった泥岩が風雨に侵食され、露出した貝の化石がびっしり残っています。

もちろん貝ばかりではありません。恐竜の化石も、すごいんです。

話が逸れましたが、オープンから八年ぐらいが過ぎ、客足が鈍った恐竜センターを盛り返すための策として、モンゴルから恐竜化石を十数体お借りして「モンゴル恐竜化石特別展」を開催することになったのが、今も私がモンゴルに通うようになったそもそもの始まりです。

状態のいい化石が数多く産出されるといっても、保存状態のいい貴重な実物化石は、モンゴルにとっても大切な財産です。予算的にもなかなか折り合いがつかなかったのですが、「これからもモンゴルとの交流を盛んにするという意思があるなら」と折れてくださり、一九九六年七月から一年半、展示できることになりました。

とてもありがたいことですし、モンゴルには感謝しかありませんが、そこからがまた大変でした。特別展が終わって化石を返却してしまえば、恐竜センターは元の木阿弥、何も残りません。そこで、お返ししたあとも展示が続けられるように、十数体すべてのレプリカを作成するプロジェクトが始まりました。

五月に化石が到着し、七月に展示が始まるまでの二ヶ月弱で大至急の型取りです。型さえ取っておけば、オリジナルを展示したまま、一年半かけて少しずつレプリカを完成させていくことができる。造形を得意とする芸術家集団が、多いときは三〇人以上いたでしょうか。

科博にお願いして、レプリカ製作や骨格復元に詳しい彫刻家の円尾博美《まるおひろみ》さんに神流町まで来ていただき、指導していただきました。

円尾さんは科博の展示の造形を長年にわたって手がけていらっしゃって、科博にとっても手放せない方です。その当時の恐竜部門の担当は、真鍋先生の先輩にあたる冨田幸光《とみだゆきみつ》先生でしたが、「ずっとは困るけど、しばらくならいいですよ」といってくださったのを幸い、七〜八年私の専属教師のような形でみっちり仕込んでいただきました。最後には、「いい加減、円尾先生を返してください」と怒られましたが、今の仕事の基礎が培われたのは、間違いなくそのおかげです。

円尾先生の教え方は、「見て覚える」「体で覚える」というスタイルです。

例えば、恐竜化石のレプリカ製作には通常FRPという繊維強化樹脂を使いますが、その中に微量なコバルトが入っています。硬化剤を加えると、そのコバルトと反応して固まる仕組みですが、分量を間違えると、さわれないほど熱くなってしまいます。その配合に関しても、円尾先生は「手の重さでこのぐらいだったら、この程度の硬化剤」というふうに、経験則で確かな仕事をなさるんです。もう職人技ですね。

そのため、手取り足取り教えてくれるわけではなかったのですが、「私と一緒に仕事をしていれば自然に身につきますよ」とおっしゃる通り、確かに身になっています。

ゴビサポートジャパン設立

その後、ゴビ砂漠の化石発掘支援を目的とした「ゴビサポートジャパン」を設立して、独立したのが二〇〇二年です。

化石をお借りしたときの約束通り、モンゴルとの交流を積極的に続ける中で、ゴビ砂漠への発掘ツアーなども毎年のように行っていました。でも、本腰を入れて発掘化石のクリーニング作業や標本の補修、レプリカ製作を手伝おうと思ったら、役場の仕事の片手間ではできません。

悩みましたが、困っているときに手を差し伸べてくれたバルズボルド博士の恩に報いるにはこれしかない。それで決心した選択でした。博士が、「独立するなら私がいい名前をつけてあげよう」といって名づけてくれたのが、「ゴビサポートジャパン」。これでもう、私の運命は決まったようなものです。

工房といっても、はじめは無人になった妻の実家の蔵を使っていました。修復の必要なモンゴルの化石を預かって、一人でコツコツ直したり組み立てたりするかたわら、各地の博物館や自治体の依頼を受けて、レプリカ製作や骨格復元組み立てなどを行っていたのです。

ゴビサポートジャパンの蔵に行けば、実物のモンゴルの恐竜化石を見ることができる、ということで、恐竜研究をしている学生たちがしょっちゅう来ていましたね。

金曜日の夜に「今から行っていいですか」と連絡が来て、深夜に一人、群馬の山の中までやって来るんです。ひとしきり話したあと、私は寝てしまいますが、学生はそれから恐竜化石の勉強です。土曜日も日曜日も熱心に化石を観察し続け、月曜日の朝早く帰っていく。みんな本当に頑張って勉強していましたね。

今はその学生たちも大学の教授になったり、博物館の学芸員になったりして活躍していますから、そういう意味では私も恐竜研究に貢献してきたといえるかもしれません。

今は神流町に三人、北海道むかわ町に六人ほどの専任スタッフがいて、化石のクリーニングや修復、レプリカ製作などを手がけてもらっています。

大型恐竜の骨格組み立てなどの仕事を依頼されて人手が必要なときは、これまで一緒に仕事をしてきた仲間に声をかけて助っ人に来てもらったり、会場での力仕事を手伝ってもらったりしています。ふだんはテーマパークのアトラクションなどの造形を手がけていたり、別の本業を持っていたりする人たちが、「恐竜の仕事」というと、結構喜んで来てくれます。

ゴビ砂漠での発掘ツアーは今も続けていますが、もう二七〇人から三〇〇人近い人が行っているんじゃないでしょうか。あそこへ行くと、みんな人生が変わってしまいます。私も、間違いなくその一人です。

夜は星がきれいで、地球規模で時間がゆっくり流れている。すごくいいところです。

腰が決まればみんな決まる

恐竜に限らず、昔の骨格標本はみんな直立不動、「気をつけ！」の姿勢だったでしょう。古い標本を見ると、シカにしろ、ウシにしろ、ウマにしろ、みんなガラスケースの中で「気をつけ」をして鎮座している。研究に使う標本としてはいいのかもしれませんが、研究者以外の人は見ても面白くないし、そんな恐竜骨格では子どもたちが喜んでくれません。

研究者は研究する、子どもたちに見せる役は私がする。そういう分業の中でいかに子どもたちが喜ぶような展示ができるか、それをいつも考えています。

「その恐竜は今、どこで何をしているのか。それをいつも自分の頭の中に入れて、ポーズを決めなさい。組み立てをしなさい」というのは、中里村役場にいた頃からお世話になっているバルズボルド博士から学んだことです。

恐竜も動物ですから、生きていた証を見せたい。何を考えているかまではわからないにしても、生きていたときの一場面を再現して組み上げていきたいと思っています。

大きな恐竜を組み立てるときは、まず骨盤を重機で空中に吊ります。骨盤ってすごく大事なんです。腰の位置や角度がばしっと決まれば、みんな決まる。

例えば、骨盤を前に倒せば、上半身は前に傾きますよね。自然に前かがみの姿勢になるわけです。立てれば自然に上を向くし、寝かせれば下を向く。骨盤の角度を決めただけで、動きがすごく見えてくるわけです。

また、骨盤を吊ったあと、重心をどこに置くかというのもポイントです。

例えば、骨盤の真下に左脚を置いたら、右の脚はどうするのか。揃えて置いたら「気をつけ」の姿勢のおとなしい標本になります。でも、足を開いて重心を前に持ってくると、動きのあるポーズになりますよね。もともとおとなしいイメージの草食恐竜だって、骨盤

立ち上がる「むかわ竜」（提供：共同通信イメージズ）

を思い切り前に出してやれば、生き生きと動き出す姿になるんです。

ティラノサウルスやタルボサウルスのような大型の肉食恐竜は、特に荒々しいポーズにしなくても、自然に迫力が出てきます。

難しいのは、草食恐竜。地味に見える草食恐竜に、いかに躍動感を持たせるかというのが、悩みどころです。

そういう意味では、「むかわ竜」の復元骨格も難しかった。もともとおとなしいハドロサウルス類の恐竜ですから、立ち尽くしたような姿ではつまらない。思い切って「一年に一度はこういうポーズをとったに違いない」くらいの大胆なポーズに仕上げて、躍動感を出しました。

ご覧になった方もいらっしゃると思います

が、少しやんちゃな感じというのかな。見てくださったみなさんが喜んでくださったのを見てほっとしましたが、どういう見せ方にするか、苦心しました。

臨場感のある展示のために

展示に臨場感を出す方法として、草食恐竜と肉食恐竜とを組み合わせる方法もあります。以前、韓国の華城《ファソン》市で開催されたシンポジウムに呼ばれて、タルボサウルスの全身骨格標本を持って行ったことがあるのですが、そのときタルキアという恐竜の骨格も組み立ててほしいと頼まれました。

タルキアは、尾にハンマーを持つアンキロサウルスの仲間の恐竜で、白亜紀後期のモンゴルに生息していたアジア最大の鎧竜です。タルボサウルスと並べたら、それだけでも見応えがあります。

「レプリカではなく実物化石標本だから、日本に送るわけにはいかない。韓国に来て組み立ててほしい」と頼まれたので、上半身を低く、尾を振り上げる姿勢で組み上げ、タルボサウルスと戦っているように再現しました。

モンゴル、恐竜王国復活を。タルボサウルスの全身骨格（提供：共同通信イメージズ）

すでに組み立てられている骨格のポーズを変えてほしい、と依頼されることもあります。

二〇〇四年まで科博の日本館に展示されていたタルボサウルスはもともと立ち上がった姿勢だったのですが、展示室リニューアルの際、真鍋先生に「指がつくようにしてくれませんか？」と頼まれたのも、その一例です。「ティラノサウルス類の小さな前肢は、立ち上がるために使われたのではないか」という新説を反映した姿勢に直したい、ということでした。

「上を向いている骨格標本を、指がつくように変えるのは難しいですよ」といったのですが、「高橋さんができる範囲でよいので、よろしくお願いします」と説得されて、「今まさに、指をついて立ち上がろうとしている」

しゃがんだポーズに変えました。今は、企画展などに登場しています。

科博の巡回展などで展示するデイノニクスの標本を作るときも、真鍋先生から「飛びかかる瞬間のポーズに」と頼まれて再現しました。全幅の信頼をお寄せいただいているのはありがたいのですが、なかなか難しい注文をなさるんです。

全身骨格をどう組み立てるかの最終決定は、展示を監修する立場の研究者のみなさんです。私は「こうしたらどうですか」という意見は出しますが、常に相談しながら作業を進めます。

「恐竜博２０１９」の展示に際しては、デイノニクス、デイノケイルス、「むかわ竜」のほか、首長竜の全身骨格標本なども作りましたが、監修を担当するのは、それぞれの生物に詳しい先生方です。

首長竜は東京学芸大学准教授の佐藤たまき先生がご担当だったのですが、北海道むかわ町のゴビサポートジャパンの工房まで泊まり込みで来てくださって、「こういうポーズにしてください」と粘土で見本まで作って置いていってくれました。佐藤先生は、日本の首長竜研究の第一人者。その熱意には、ぜひとも応えたいと思っています。

さて、仮組みの段階まで作業が進んだら、次は監修者の先生方を交えて「頭はもうちょっと上げたほうがいいですよね」とか「足はもう半歩下げましょう」といった、具体的な

デイノケイルスの全身復元骨格（提供：朝日新聞社）

調整を行います。

ポーズが固まったところでようやく仮止め用ではない、展示のための支柱を製作します。仮止めの段階では安全を期する目的もありますし、あちこち動かしたりもするので多くの支柱を使いますが、本番ではなるべく支柱の存在が目立たないようにしなければなりません。また、ＦＲＰ製のレプリカなら軽いのですが、オリジナルの実物化石は重いので強度も十分ないと危険で、しっかり固定する必要もあります。

特に、頭骨が巨大でかなりの重量がある化石の場合、全体は実物化石で組み立てても頭骨だけはレプリカにして、実物は全身骨格標本の足元に置いて展示するという方法をとることが一般的です。

常に試行錯誤で、気の休まらない仕事ですが、そこがやりがいなのかもしれません。

チンタオサウルス復元プロジェクト

みなさんがよくご存じの例を挙げると、東日本大震災で被害にあったチンタオサウルスの全身複製骨格を修復・復元したのもゴビサポートジャパンの仕事です。クラウドファンディングで修復資金を集めて作り直し、「恐竜博２０１６」で披露したあと、もともと展示されていた福島県双葉郡広野町の町役場にお返しする、というプロジェクトでした。

広野町は、太平洋に面した福島県の浜通り地方の町。このあたりは、白亜紀後期の双葉層群という地層が露出していて、一九六八年にいわき市でフタバスズキリュウが見つかったことでも知られています。

一九八六年に広野町でも恐竜の首の骨と歯が発見されて、「ヒロノリュウ」と名づけられたのですが、見つかった骨が少なく、ハドロサウルス類の恐竜だということまでしかわかりませんでした。

そこで、アジアのハドロサウルス類に近縁なものがいたはずということで、中国・青島

見事に復活したチンタオサウルス（提供：共同通信イメージズ）

で見つかったチンタオサウルスの全身骨格のレプリカを「ヒロノリュウ」になぞらえ、一九八八年から広野町役場一階ロビーに展示して、町のシンボルにしていたんです。

最初は、地震で落ちてしまった頭を修復できないか、という相談でした。

壊れたまま五年近く手をつけられずにいて、ようやくそういう話ができるようになった頃、群馬県立自然史博物館・名誉館長の長谷川《はせがわ》善和《よしかず》先生に、「とにかく見てくれ」といわれて行ってみると、落下した頭骨がダメになっているのはもちろん、体のほうもガタガタ。陽の注ぐロビーで長年紫外線を浴び、全体が脆くなっていたところに激しい振動が加わったのでしょう。骨格のいろいろな部分が、ひび割れてしまっていました。頭骨だけ作り直して取りつけても、すぐ首のところで折れてしまうのは明らかでした。

長谷川先生は広野町での研究にも長年携わってこられた方ですから、何とかしたいという思いは人一倍です。しかも、広野町は福島第一原発から三〇キロメートル圏内にあり、原発事故直後は町全体が緊急時避難準備区域に指定された地域。震災から半年後に指定は解除されたものの、私たちが壊れた標本を見に行った当時、まだ住民の半数しか戻ってきていない状況でした。町のシンボルでもあったチンタオサウルスの復元プロジェクトを通して、町に元気を取り戻してもらえたら、多くの人々に福島の今を知ってもらえたら……。

長谷川先生の呼びかけで研究者や専門家が現地に集まり、検討を重ねた結果、「骨格全体を丈夫な素材で作り直すしかない」という結論に至りました。

問題は、そのための費用です。標本を作り直すために必要な特殊な樹脂や、支柱にするための鋼材・溶接材料の費用が約二五〇万円、溶接や色つけなどの特殊作業に約一三〇万円、広野町での組み立て作業費や輸送費などに約二〇万円、計四〇〇万円は必要でした。

費用の一部は、アメリカの古脊椎動物学会から日本古生物学会に託された五〇万円が使われることになりました。これは震災直後の二〇一一年に、海外の研究者たちが日本を応援するためなら、と寄付してくれたお金です。残る三五〇万円はクラウドファンディングで、「恐竜でフクシマを応援しよう」と呼びかけて集め、修復・復元した姿を「恐竜博2

０１６」で披露して、みなで喜びを分かち合おう、集めた金額が足りなくても発起人で負担して完成させよう、と話がまとまり、早速作業を開始することになりました。

何しろ、骨の一つひとつの型を取っての作り直しです。広野町役場から神流町のゴビサポートジャパンの工房まで壊れた標本を運んだあと、全身を組み上げるまでに半年ほどかかりました。

修復前の骨格標本は、昔の恐竜の復元画でおなじみのゴジラ型のポーズで、町役場のステージに立っていたんです。直立して尻尾を引きずって歩く、あの姿です。でも、せっかく新たに作り直すのですから躍動的な姿にしようという話になり、尻尾を上げて少し前かがみになった姿勢に直しました。

チンタオサウルスは、頭頂部にあるユニコーンのような突起が特徴的ですが、その後の研究で、棒状の突起は前に突き出していたのではなく、平たい板状の突起が後ろ向きについていた可能性が高いことがわかりました。

最新の研究成果を反映してこの部分も直してしまおうかという意見も出たのですが、広野町の方に意見をうかがうと、ずっとこのイメージで親しんできたのに、そこまで変わったら戻ってきたような気持ちになるだろうか、とおっしゃるので、突起はあえてユニコーン型のまま修復したんです。

以前のものより丈夫な素材ではありますが、ＦＲＰも紫外線には弱いので、最後の色止めの処理は、紫外線よけを入れて塗装しました。陽が当たるとはいえ室内展示ですから、これで紫外線による劣化もだいぶ抑えられるはずです。何年にもわたって屋外で展示するような場合には、自動車と同じ塗装材を使うこともあります。

幸いなことに、プロジェクトは大成功のうちに終わりました。「恐竜博２０１６」の会場で組み立て作業が始まった段階では、まだ達成率六一パーセント、総額二一四万六五〇〇円だったのですが、最終的に四〇四人の方からご支援をいただくことができ、達成率一〇七パーセント、三七三万二〇〇〇円が集まりました。

「恐竜博２０１６」での東京、北九州、大阪の約一年の巡回を終えたあと、二〇一七年二月一四日に広野町役場に戻り、修復にご協力いただいたみなさんのお名前を記したプレートと一緒に展示されています。

巨大竜脚類の組み立て復元

二〇一三年に科博で開催された「大恐竜展　ゴビ砂漠の驚異」で披露したので、ご覧になった方も大勢いらっしゃると思いますが、世界初挑戦となるオピストコエリカウディアの組み立て復元もなかなか大変でした。

オピストコエリカウディアは、白亜紀後期のモンゴルに生息していた全長およそ一二メートルの巨大な竜脚類恐竜です。一九六五年にモンゴルとポーランドの共同調査隊がゴビ砂漠で発見し、しばらくポーランドで研究が進められていたのですが、その後モンゴルに返却され、ずっと収蔵庫で眠っていました。

謎の恐竜、オピストコエリカウディア

「オピスト」は「後ろ」、「コエリ」は「空洞・凹んでいる」、「カウディア」は「尻尾」という意味で、「尾椎の後ろ側が凹んでいる」のが特徴です。首から頭以外、全身がほぼ見つかっていたのですが、一つひとつの骨が大きくて非常に重く、ずっと収蔵庫の奥深くにしまわれたまま、謎の恐竜になっていました。

化石というのは、長い年月をかけて骨の成分が鉱物と入れ替わって残ったものですから、骨というより、もはや岩石ですからね。大腿骨だけでも一本二七〇キログラムもあって、ものすごく重いんです。

でも、せっかくモンゴルの恐竜をテーマにした展覧会を開催するのだから、「誰もまだ見たことのない、謎の恐竜の全身骨格を復元してお目にかけよう」という企画が持ち上がり、声をかけていただきました。

二〇一三年三月、モンゴルから神流町に実物化石の入った木箱が送られてきました。そこからが大仕事です。十月の「大恐竜展」開催まで、半年と少ししかありません。

モンゴルから届いた化石は、一二二個ありました。おそらく何十年も開けられることのなかった蓋を開け、化石を一つひとつ取り出して並べるところからスタートです。

どの骨がどうつながっていくのか、かなりバラバラに壊れているものもあるため、わからないものも多く、ジグソーパズルのように組み合わせていかなければなりません。そのためには、まず型を取り、ＦＲＰ製の軽いレプリカを作る必要がありました。

一つひとつの化石がどの部分に相当するのか、つなぎあわせていくのは真鍋先生たち恐竜研究の専門家の仕事。実物化石から型を取り、複製を作るのが私たちの仕事です。ただ、先ほどお話ししたように、とにかく重い化石ですから、型を取るだけでも一苦労でした。

レプリカが揃ったら、いよいよ組み立て作業です。木のやぐらを組んで、パーツを少しずつバンドやロープで吊るしながら、「ことことここは合う」「これは合わない」等々検証しながら、少しずつ関節を組み合わせ、全身を復元していきます。軽いレプリカで全体を組み上げ、形が決まったら実物標本と入れ替える作戦です。

支えの鉄骨は重さに耐えられるようにかなり頑丈に作りましたが、展覧会が終わったら、モンゴルに輸送しなければなりません。そのため、再びバラバラにして輸送できるように設計しておく必要があります。つけたり外したりして運んでいる際に壊れないようにしなければならない、そういう難しさもありました。

実物化石の場合、ポーズは躍動感よりも安全性重視になりますが、どっしりとした重量感のある実物化石は、それだけで迫力があります。

生きていたときの推定重量は、二四トンだそうです。体重は脚の太さと相関関係があるので、推定するための公式があります。脚は体を支える柱ですからね。

四足歩行と二足歩行では計算式が異なり、四足歩行の恐竜の場合は上腕骨と大腿骨の周囲長を代入した計算式、二足歩行の恐竜の場合は大腿骨の周囲長を使った計算式で推定できると聞いています。

なお、見つかっていない部分を、同種や近縁の恐竜の化石をもとに作成したレプリカで埋めることもあります。しかし、このオピストコエリカウディアに関してはそうせず、竜脚類らしい長い首と頭をスタイリッシュな金属製のフレームにして取りつけることになりました。せっかくほぼ全身が揃っているので、あえて見つかっていない部分がわかる展示にしたわけです。

真鍋先生曰く、「将来誰かがきっと首と頭のところを見つけて埋めてくれる」という願いを込めたとのことでした。

夢はモンゴル恐竜博物館設立

モンゴルに、恐竜専門の大きな博物館を作る手助けをしたい。それが今の私の夢です。もちろんモンゴルにも自然史系の博物館はありますが、恐竜は少し展示されているだけ。そんなレベルではなく、私が思い描いているのは世界中から恐竜の研究者が集まって、思う存分恐竜研究ができる専門の博物館です。

何しろ「世界一魅力的な恐竜化石の産地は？」と尋ねられた恐竜学者の多くが、「モンゴルのゴビ砂漠だ」と答える場所です。プロトケラトプスやタルボサウルスなどの有名な恐竜だって何体も出ていますし、掘れば必ず新種に当たるというくらいの場所です。しかも、関節がバラバラではない、つながった状態で見つかることもよくあります。地中で押しつぶされてしまった化石が多い中、ゴビ砂漠ではもとの骨の形を残している素晴らしい化石がたくさん出てくるんですよ。

私がゴビ砂漠に通うようになってもう三〇年以上になりますが、今掘っている恐竜も、見たら驚くと思います。ヴェロキラプトルが巨大化したような肉食恐竜ですが、やっと巡り会えて、もう三年くらい掘っています。

ゴビ砂漠は、本当にすごい。そして、まだまだ研究途上で、多くの可能性を秘めています。中里村役場に勤務していた頃から、よくＪＩＣＡに行っては、「こんなに化石が出るのだから、モンゴルに恐竜博物館を作ってあげてください」とお願いしていたのですが、ようやく実現に向けての一歩を踏み出しそうだというところまできています。

モンゴルに恐竜専門の博物館ができたときのために、全身骨格標本のレプリカを一〇〇体くらい作っておいてあげたいというのが、今の目標です。

展示に力を入れたい私と研究したい人たちとでは、若干思いが異なる部分もあると思うのですが、展示室は教育に力点を置いて、生きているような状態で全身骨格が展示されている場所にできたらと思っているんです。

一般の来場者に見せる展示室は、本物そっくりのレプリカでいい。訪れた子どもたちが大喜びして感動し、地球の歴史に興味を持ってくれるような生き生きとした展示にする。実物化石のほうは、研究しやすい環境の整った収蔵庫に置いて、思う存分研究してもらおう。そういう考えです。

日本で発見される恐竜化石は歯だったり、指先の骨だったりと断片的なものが多いのですが、アジアの恐竜化石の拠点になるような恐竜博物館がモンゴルにできれば、その断片と収蔵庫の化石とを照らし合わせての研究も可能になります。

「これは何の恐竜化石だろう?」というときに、「たいがいの恐竜化石はモンゴルの収蔵庫にしまってあるから、ちょっと見てきたら?」といえるような博物館。その実現が、お世話になったモンゴルへの恩返しになるんじゃないか。だから、それまでは頑張ろうと思っています。

高橋 功(たかはし・いさお)
ゴビサポートジャパン代表。群馬県中里村役場に勤務後、ゴビサポートジャパンを設立。国立科学博物館や多くの博物館などの恐竜展示企画業務といった古生物化石に特化した企画展、レプリカの製造・販売など幅広く手がけている。

第二章

生きた姿に戻す

復元画は科学の絵

趣味で楽しむイラストや芸術作品としての恐竜なら、どんな姿に描いても描く人の自由です。かっこよくデフォルメされたものや、かわいらしいキャラクターとしての恐竜に関しては、それでいいと思います。恐竜博のような企画展や博物館で販売するグッズなら、例えば「ティラノサウルスの前肢の指は三本じゃないですよ。二本です」といった明らかな間違いは直してもらっていますが、それぐらいです。

しかし、図鑑や専門書などの学術的な書籍や論文、博物館などの科学的な展示でお見せする復元画は、学問としての正確さが求められます。そのため、恐竜のようにすでに絶滅してしまった生き物であっても、可能な限り科学的な根拠に基づいて描いていただいています。

そういう科学的知識があり、科学的な思考のできるイラストレーターの方々を、サイエンスイラストレーターといいます。絵の表現力があるのはいうまでもありませんが、例えば生物系のサイエンスイラストレーターなら、生物の体の構造をよく勉強されていて、生き物たちの息遣いまで感じられるリアルな絵を描いてくれる人たちがいます。

復元画を依頼するときは、まず依頼者のほうから「この恐竜を描いてほしい」「こんな状況をイラストで表現してもらいたい」などとお願いします。最初はラフな下絵を描いていただくところから始まって、「もう少しここを変えてくれませんか」といったやりとりを何度か続けて、少しずつ調整していきます。

今も生きている動物たちなら、動物園へ行って観察したり、写真や映像を見たりして、「確かにこれで間違いありません」といえる正解がありますが、恐竜のように絶滅してしまって誰も見たことがない生き物は、そうはいきません。全身骨格や最新学説をもとに、研究者とやりとりを何度も繰り返しながら、最終的に「この仮説の可能性が高い」という姿に仕上げていただきます。

研究が進めば当然描かれる恐竜の姿も変わってきますし、監修する研究者の考え方やイラストレーターの作風が変われば、同じ恐竜が違う姿に描かれたりもします。興味のある方は、古い図鑑と新しい図鑑、出版社の違う図鑑、日本の図鑑と海外の図鑑などから同じ恐竜の絵を抜き出して、比べてみてください。全体の姿や大きな特徴は同じでも、皮膚の色やウロコの形と大きさ、羽毛の生え方などが違っていることがわかると思います。

それから、これはきっと研究者ならどなたでもそうだと思うのですが、私が復元画を監修する際に心がけているのは、描かれたものに対して「ちゃんと説明ができるかどうか」です。「なぜここがこんなにフサフサしているんですか」「なぜこういうポーズをしているんですか」「なぜこんな場所に立っているんですか」という質問があったときに、できるだけ説明できるものを描いてほしいと思っています。「この絵にはこういう意味があるんです」「このシーンはこういう意図で描かれています」など、しっかり説明できるかどうか。説明できない内容は極力入れないようにするのが、私としては理想です。

イラストとサイエンスは切り離すことができない

これからご紹介する菊谷詩子《きくたにうたこ》さんは、優れたサイエンスイラストレーターのお一人です。図鑑の仕事を通して知り合い、「恐竜博２００５」の頃から恐竜の復元画をお願いしています。前回の「恐竜博２０１６」のときは、図録に掲載する復元画のうち一四点ほどを菊谷さんに描いていただきました。「恐竜博２０１９」ではちょうど別の仕事でお忙しい時期と重なってしまったのですが、「眠るオヴィラプトルの集団」などの数点を描いていただいています。

菊谷さんは、もともと動物がお好きで生物学を勉強されていたのですが、途中からサイエンスイラストレーションに目覚め、アメリカの大学院の専門コースで技術を学ばれた方。修了後はニューヨークのアメリカ自然史博物館で研鑽を積み、しばらくアメリカで経験を重ねたのちに帰国されて、現在に至るという経歴をお持ちです。

恐竜に限らず、生物全般のサイエンスイラストレーションを手がけていらっしゃいます。絶滅した恐竜を描くときも、生物学の研究経験が遺憾なく発揮され、こちらからのリクエストの意図を汲んで、展示物の魅力や世界観がうまく伝わるイラストに仕上げてくださいます。

菊谷さんがなぜこのお仕事をされるようになったのか、サイエンスイラストレーターとはどういうお仕事なのか、この先は菊谷さんご本人に話していただきましょう。

生物が好き、描くのも好きな私の天職

菊谷詩子さん（サイエンスイラストレーター）

生き物が好きになったのは、父の仕事の関係で幼少期を東アフリカのケニア、タンザニアで過ごしたことが大きかったと思います。何しろ野生動物の宝庫ですから。

また、幼い頃から絵を描くのが好きで、中学、高校では美術部に入っていましたし、大学に進学するときも美術に進むか、それとも生物を学ぼうか真剣に悩んだくらいです。美術大学の受験を念頭に絵の勉強もしていましたが、結局そのときは生物の研究者になるほうを選んで進学しました。

でも、絵で何かやれないだろうかという気持ちは捨てきれず、研究室に入ってからも「生物のイラストが必要なら請け負います！」と周囲の人に、ことあるごとに宣伝していました。

その甲斐あって、大学の先生が「こんな仕事があるみたいだよ」と、ある新聞記事を見

せてくださったことが転機になりました。それは、サイエンスイラストレーションの日本人プロフェッショナルが、大阪でワークショップを開催したことを紹介する記事でした。

そのおかげでサイエンスイラストレーター、正確にはサイエンティフィックイラストレーターという仕事があることを初めて知りました。そのワークショップの講師は木村政司《きむらまさし》先生とおっしゃる方で、スミソニアン国立自然史博物館で昆虫学のサイエンスイラストレーションを習得され、現在は日本大学藝術学部教授として教壇に立っていらっしゃいます。

記事を見たあとすぐに木村先生と連絡をとってお時間を作っていただき、いろいろお話をうかがい、「こういう仕事があるんだ、いいなあ」と思うようになりました。子どもの頃から大好きだった「生物」と「絵」の二つが重なり合う仕事だなんて、まさに天職じゃないですか。すっかりその気になってしまいました。

サイエンスイラストレーターの道に進むことを具体的に考えるようになって、東京大学大学院で研究をするかたわら、週に一回美術の専門学校に通っていました。

その後、日本にはない専門のコースでしっかり学んでみたいと思っていったん休学し、カリフォルニア大学サンタクルーズ校のサイエンス・コミュニケーションプログラムのイラストレーションコースへ一年間留学することにしました。そこでは、サイエンスイラストレーションを作成するための基本的なトレーニングはもちろんのこと、文章を読んでそれに合ったイラストレーションを作成する実習や、資料をどのように解釈して絵に反映させるのかといった授業もあって、大変でしたけど面白かったです。

コースを終えたあと、インターンとして経験を積み、サイエンスイラストレーションの仕事の依頼がくるようになり、休学していた東京大学大学院を退学しました。

ここから先は、絵の道で生物と関わりたい。そう思って決めたので、後悔はありません。研究室でテーマを絞って研究して論文を書いてというやり方は、興味の幅が広く散漫な私には合わない気がしていたので、結果的にベストな選択だったと思います。

インターンシップはコースの修了には必須で、自分でいろいろなところに応募して、採用してくれるところを探しました。いくつも応募をした中で唯一採用してくれたのが、アメリカ自然史博物館でした。

インターン時代は、ニューヨークにあるアメリカ自然史博物館の古脊椎動物部門で、カメの化石などを描いていました。このときの経験が、恐竜の復元画を描く原点になっています。私は本来「ナマモノ」の生物が好きなので、そのときまで化石にあまり注意を払ってきませんでしたから。

無給でしたが、インターンに採用してくれた先輩サイエンスイラストレーターが、学術的な標本画の描き方や標本のライティングの仕方、写真の撮り方など丁寧に教えてくれ、雑誌のイラストの仕事も舞い込み、充実した毎日でした。

インターン期間が終わってからは、水族館で有名なモントレーでしばらく、大学の生物学の教科書に載せるイラストなどを制作していましたが、その後はフリーランスになり、二〇〇一年に日本に帰国するまで、ニューヨーク州立大学で研究者のために標本画を描いたり、教科書会社や博物館の依頼などを受けていました。

日本に戻ってからは教科書、図鑑、専門書、研究論文、博物館の展示、科学絵本などのイラストを制作して今に至ります。

サイエンスイラストレーションを描くには

アメリカでは、サイエンスイラストレーターやメディカルイラストレーターといった業種が確立されていて、博物館に専属で雇われている人もいます。でも、日本での認知度はまだまだです。

「どうすれば、サイエンスイラストレーターになれますか」という質問をいただくこともありますが、こうすればなれるという決まった道はありません。科学的なバックグラウンドは必要ですが、留学は必須ではありませんし、絵の技術とデザイン能力があれば、仕事としては成り立ちます。人それぞれですね。

周囲のツテを頼ったり、出版社に売り込みに行ったりするところから始まって、ある程度作品が世に出ると仕事が仕事を生むサイクルで続いていくという感じですから、そこは普通のイラストレーターの仕事と変わりません。

ただ、サイエンスイラストレーションは科学的な内容を説明する絵ですから、普通のイラストに比べて、正確さや知識を要求されます。また、写実的に描けばいいというのとも、少し違います。

例えば、それが研究論文に掲載する標本画だとしたら、研究者が伝えたいことは何なのかを読み取って、重要な部分は強調し、そうでない部分は削ぎ落としてわかりやすく表現する、といった工夫も必要です。一般向けの図鑑なら、その生物の特徴を示しつつ生き生きと魅力的に感じてもらえるよう、構図を工夫したりもします。どういう場面で誰に見せるイラストなのかを考えて、目的によって描き方を変えることもあります。

技法については、アメリカ時代はコンピュータ上で描くことが多かったのですが、日本に帰国後は水彩、油絵など手描きに回帰し、手描きメインでやってきました。

最近は、ｉＰａｄ ＰｒｏとＡｐｐｌｅ Ｐｅｎｃｉｌの登場によりデジタルでも手軽に手描き感覚で描けるようになり、デジタルで描く仕事が半分以上になりました。教科書や復元画など、修正が多く入ることが見込まれる仕事はデジタルで、気持ちを伝えたい絵本などの仕事は手描きと、使い分けています。

仕事の大半は、下調べです。描く時間よりも、観察したり、文献や資料を探したり読んだりして調べる時間のほうが圧倒的に多いです。

現生の生き物を描く場合は、生息地を訪れたり、動物園や博物館に行ってスケッチすることもありますし、内部の構造を描くために解剖することもあります。

例えば、ゾウの鼻の解剖図を頼まれたときは資料がほとんどなかったので、依頼した研究者に相談したら、ホルマリン漬けの本物のゾウの鼻の輪切りが送られてきて、さすがに驚きました。

また、別の依頼者に哺乳類の鼻腔の構造図を頼まれたときは、サルやアナグマの頭部を縦に真っ二つに切断したものが届いて、それを解剖しながら描きました。もともと生物の研究をしていたので解剖には慣れていますが、なかなかできない経験です。

恐竜の復元画は可能性の提示

私は生物全般を描いているので、特に恐竜だからという特別な思い入れはなく、恐竜も生物として、とらえています。「恐竜博２００５」の仕事で声をかけていただいたときは、真鍋先生に「鳥の進化の絵を描かないか」といわれて引き受けたんですよ。鳥ならと思って始めたのに、蓋を開けてみたら全部恐竜でした。「あれ、これって鳥じゃなくて恐竜じゃん」って(笑)。そこから恐竜とのつきあいが始まりました。

最初は「こんな不確かなものは描けない」と思って、苦しかったですね。論文と標本だけが、頼りです。

だから、恐竜の復元画に関しては、あくまでも可能性の提示だと思っています。この範囲ならある程度似ているといえるんじゃないかな、という程度にまでしか近づけませんから、なるべく固定観念がつかないように、幅を持たせておくように心がけています。例えば、描くたびにわざと色を変えたりするのも、その一つですね。

哺乳類の場合はあまり派手な色をしているものは少なく、白黒といわないまでも見える色は限定されます。でも、恐竜は鳥類と同じく紫外線まで見えるほどの目をしていたので、鳥類のような派手な色をしていた可能性は確かにあります。

ただ、どんな色だったのかという証拠は、まだ一部の恐竜でしかわかっていません。現生の爬虫類や鳥を参考に、もっと派手な色をつけてもいいのかもしれませんが、私が描いたことによって、もしも赤い恐竜とか青い恐竜というイメージがついてしまったら責任重大だと思うので、なるべく印象に残らない色を使うようにしています。

恐竜を描くときに一番の参考になるのは、もちろん骨格標本です。日本で見ることができるものであれば博物館に見に行ったりもしますが、「恐竜博」などの場合、開催に際して初めて来日する化石も多いので、事前に見ることができないのが厳しいです。

ただ、生物には系統で分けられるグループがありますから、全く姿が想像できないということでもありません。

恐竜に関しても、まず近縁種に共通している特徴をおさえて、さらにそれが新種の場合は同じグループのほかのものとは何か違う特徴があるはずですから、それはどこなのかを調べます。そのグループに分類された理由とそのグループの中で新種とされた理由をおさえて、描き分けるようにしています。そういう意味では、やはり論文が一番参考になりますね。

自然に見えるかどうか

私が描く生物は、生き物らしさを大事にしています。感覚的な部分もありますが、ちゃんと生きている感じがあるか、生物としておかしくないか、不自然ではないかということですね。

うまく復元できないときって、生きていないんです。なんか変だ、こなれていないなと感じるときは、生き物として無理があります。これは生きているなというときは、生物学的に見てもおかしくない。

始祖鳥なんてもう、何度も何度も描いているモチーフですが、いまだに何だかしっくりこないんですよね。もっと自然に見える姿があるはずですが、鳥すぎるかな、恐竜すぎるかなと迷うし、こっちに振ってあっちに振ってと悩みます。

また、監修の先生によっても微妙に説が違ったりしますから、監修者が複数ついたりするケースは少し大変です。

以前、羽毛恐竜を描くのに海外の研究者が二人監修についたことがありましたが、片方は恐竜寄り、片方は鳥類寄りだったので結構苦しかったですね。最近の復元画はだいぶ鳥類寄りになっていて、羽毛でふさふさになっているものが多いですが、羽毛の量を決めるのがまた悩ましいです。

思い出に残る恐竜といえば、真鍋先生に「ティラノサウルスに羽毛を生やして」といわれたときでしょうか。その頃はまだ、羽毛の生えたティラノサウルスの復元画はなかったので、「先生、そんな大胆な復元画はやめませんか」と少し抵抗したのですが、真鍋先生は控えめながらもぜひに、とおっしゃるので挑戦しました。

当時論文にはなっていませんでしたが、ティラノサウルスのウロコの化石とされる標本も見つかっていたので、結局、おなかのあたりには生やさないで、背中のほうだけに羽毛のある姿になりました。

それ以後、羽毛のあるティラノサウルスは珍しくなくなりましたが、最近また「ティラノサウルスには、ウロコがあった」という報告がありました。まだ結論は出ていませんが、羽毛はウロコから進化したものですし、鳥の脚のウロコなどは羽毛に進化したあと、もう一度ウロコに戻ったという説もあるくらいなので、どちらもありなのかもしれません。

「恐竜博2019」で描いたオヴィラプトル、最初の下絵

オヴィラプトルの体勢を変えると……

着色する前のオヴィラプトル

オヴィラプトルの完成

見たことがないからこそ、伝えられることがある

描いていて楽しいのはストーリー性が感じられる化石です。一番好きなのは「メイ・ロン」です。中国の白亜紀の地層で見つかった全長五三センチメートルほどの小型の肉食恐竜ですが、現生鳥類が眠るときと同じように、首を後ろに回して頭部を翼の下に入れたまま化石になっていました。あれを描くときは、結構気持ちが入りました。どうして眠ったまま化石になったのだろうと、想像せずにはいられません。

今回の「恐竜博２０１９」でも集団で寝ているオヴィラプトルの復元画の依頼を受けたのですが、やっぱり描いていて楽しかったですね（64〜65ページ参照）。

この絵の場合、最初の下絵の段階では、まるで鳥の雛が集団で寝ているような絵になっていたのですが、恐竜の段階ではまだ鳥のような姿勢がとれる首の柔軟性がなかったかもしれないと思い直して、首のラインが少し硬い感じのものも描きました。監修の研究者にお見せしたらそのほうが自然だねということになって、了承をいただくことができました。

そんなふうに数回のやりとりで形が決まることもありますし、何回やりとりしたかわか

らないくらい、直しの嵐が続くこともあります。

日本とアメリカでのやりとりになったケースも、大変でした。

メールでイラストデータを送ってメールで返事が返ってくるのですが、何度直しても、納得していただける絵にならないんです。おそらくその方の頭の中にかなり明確なビジョンがあったのだろうと思うのですが、近縁種の資料を参考にし、数枚の標本写真を手がかりに描き起こすので、こちらも手探り状態。

お会いして直接お話をうかがい、その場で「こうですか」「それともこっちでしょうか」と相談できる環境であれば話は早かったのかもしれませんが、メールだけだと一問一答のようなやりとりになってしまうので、形を決めるだけでも一苦労です。彩色の段階でも「ちょっと違う」といわれ、結局背景のないイラスト一枚に延べ一ヶ月ぐらいかかりました。

描くことで、生き物に近づくことができる

私にとってサイエンスイラストレーターの仕事は、研究の延長のようなものです。大学

で研究をしていた頃も、絵を描いている今も、生物を見る視点は変わりません。生命の不思議、尊さを考えながら絵を描いています。

また、研究者は一つのことを掘り下げて追求していきますが、この仕事は依頼を受けてさまざまな絵を描くので、自分では思ってもみなかった分野を手がけることになったりして、そこから興味の幅が広がっていく楽しみもあります。

どんな仕事でもそうだと思いますが、なかなか思うような資料が見つからなかったり、何度も描き直しになったり、大変な思いをすることはもちろんありますが、研究者と直接やりとりして科学の最先端を知ることができるのですから、科学の面白いところをつまみ食いしているようなもの。楽しくないはずがありません。今後は、自分から発信していくような仕事も増やしていきたいと思っています。

菊谷詩子（きくたに・うたこ）
サイエンスイラストレーター。東京大学大学院理学系研究科生物科学専攻で修士号を取得後、アメリカカリフォルニア大学へ留学。アメリカ自然史博物館でのインターン期間を経てニューヨークを中心に活動。2001年以降は、日本で教科書、図鑑、博物館の展示等のイラストを制作している。

フィギュアには思いを共有する力がある

　科博の展示では、肉付けされた恐竜の復元模型はほとんど使いません。恐竜研究で科学的に確かだといえるのは、地面から出てきた化石そのもの。まずは、骨格標本をしっかり見てほしいからです。

　もちろん、その骨を遺した恐竜が生きているときにどんな姿だったかは、復元画や立体模型、フィギュアなど造形物を見てもらうしかありませんから、復元画や造形物の存在は欠かせません。ただ、目の前に骨だけの恐竜と肉が付いている恐竜があったら、どうしても生きた姿をしているほうに目がいきますし、あとあと印象にも残ります。「まずは化石をじっくり見てください」というのが研究する者としての願いなので、化石を中心に展示しているのです。

　フィギュアの恐竜がすごいのは、具体的な形をしていることですよね。何もないところで、「ティラノサウルスって、どんな恐竜？」と聞かれれば、鋭い歯の並んだ大きな頭と小さな二本の前肢のある肉食恐竜のイメージがすぐに浮かんでくると思いますが、それぞれの人が頭の中で想像した姿は、ちょっとずつ違っているはずです。

昔、恐竜が好きだった人の頭の中にあるのは、ゴジラのように尻尾を引きずって直立している姿かもしれませんし、恐竜映画でティラノサウルスと出会った人は恐ろしいモンスターのようなイメージで想像しているかもしれません。びっしりとウロコに覆われた姿かもしれませんし、ふさふさの羽毛が生えた姿を思い浮かべているかもしれません。

同じティラノサウルスの話をしているはずなのに、それでは話が嚙み合いませんよね。でも、目の前にフィギュアがあれば、どういう姿のティラノサウルスの話をしているのかが一目瞭然、みんなが同じ情報を共有することができます。

これは、フィギュアの本来の目的とは違うと思いますが、フィギュアを使ってイメージを共有しながら議論を進めると、話が空回りしないという利点もあります。第四章でもお話ししますが、恐竜博の会場をどんなふうに設計していったらいいかという話し合いをするときも、フィギュアを使うとコミュニケーションがスムーズになるし、具体的なイメージもふくらみやすいのです。

骨格標本から一歩進んだ姿

このあとご紹介する田中寛晃《たなかひろあき》さんは、「恐竜博2019」のグッズコーナーで販売するオリジナルフィギュア、「むかわ竜」とデイノケイルス、ティラノサウルスの三体の原型製作を担当された方です。

原型というのは、製品を量産するためのもとになる型のこと。「恐竜博2016」の「チンタオサウルス復元プロジェクト」のときも、チンタオサウルスの肉付きフィギュアの原型製作をご担当いただきました。チンタオサウルスの頬がふくらんだ感じをうまく表現してくださったのですが、骨化石から読み取った情報を形で表現できるのも、生体を復元した造形物ならではの強みですね。

チンタオサウルスは白亜紀後期、恐竜時代の最後に生息していたハドロサウルス類の恐竜で、デンタルバッテリーと呼ばれる進化した歯（191ページ参照）と顎を持っています。

ハドロサウルス類は、平たいくちばし状の口が特徴で、「カモノハシ竜／カモハシ竜」とも呼ばれていますが、口の奥には何百本もの歯がびっしり生えていて、ちょうど大根おろしのように口に入れた植物をゴリゴリゴリ徹底的にすり潰し、硬い植物繊維を細かく分解してから飲み込んでいたようです。口の中に植物をためてもぐもぐもぐもぐ何回も咬んでいたから、頬のような空間が必要だったのでしょう。

研究者や博物館が監修して作るリアルな恐竜のフィギュアは、そのときそのときの最新研究成果を反映して作られます。復元画がラフな下絵から始まるように、フィギュアも最初はスケッチだったり、既存のフィギュアをもとに打ち合わせをして大まかな形を決め、少しずつ形にしていただきながら、もう少し頭は大きかったんじゃないか、脚はもっと短かったんじゃないかなどと具体的にチェックして、詰めていくという感じです。

スケッチの段階できちっと形を詰めてから立体を作る作業に進む方もいらっしゃいますし、だいたいのイメージを打ち合わせしたら「ちょっと試しに作ってみます。それを見ながら詰めましょう」という方もいます。どちらがいい、という話ではなく、それぞれの方のやりやすい方法で工程が進んでいきます。

フィギュアなどの造形を手がけていらっしゃる方は、たいていそうだと思いますが、みなさん物作りがお好きですよね。恐竜に限らず、さまざまなものをご自分の趣味でも作られていて、折にふれて「こういうものも作ってみました」と見せてくださったりします。締め切りがあったり、予算があったりして、いろいろご苦労をおかけしているとは思いますが、楽しんで作ってくださる方が多いので、ありがたいですね。

田中さんには、今回フィギュアの原型製作で「恐竜博２０１９」にご協力いただきましたが、巨大な恐竜ロボットや恐竜の着ぐるみを作られていた経験もお持ちです。また、恐竜以外のさまざまな造形も手がけていらっしゃいますので、造形とはどんなお仕事なのか、どのようにしてこの道に進まれたのか、ここから先は田中さんご本人にお話ししていただきましょう。

最初の仕事は包丁で削り出す恐竜ロボット

田中寛晃さん（造形師）

私はフィギュアに限らず、さまざまな立体物を手がけているので、職種としては「造形師」です。フィギュアの原型製作を専門にされている方は、「原型師」と呼ばれています。どうしてこの仕事を選んだか、以前も聞かれたことがありますが、そのときは「天然パーマなので帽子を被って仕事のできない職場は困る、スーツを着たくない、電車に乗りたくない。消去法で選んだらこの仕事しかなかった」とお話ししました。半分は冗談で、半分は本気です。

今思うと若気の至りだったかもしれませんが、何となく進学して何となく就職していくことに抵抗がありました。そう考えていたとき、進路指導で先生に「田中君は絵がうまいんだから美大はどう？」と勧められて、美術大学へ進みました。

進学した武蔵野美術大学短期大学部（現在、短期大学部は廃止）では油絵を描いていて、本格的に造形を始めたのは大学を卒業してからです。自宅で粘土を使った造形を少し始めたのですが、そのときはまだあまり需要がなかったので、しばらくしてから知人が紹介してくれた恐竜ロボットなどを作る会社で働くことにしました。

機械を覆う恐竜の外形を作る仕事で、だいたい五メートルぐらい、大きなものでは七メートルになる恐竜を作っていました。

スポンジのブロックを手作業で彫っていくのですが、そのために使う特殊な包丁は、市販の牛刀を加工してそれぞれ自分で手作りしました。いったん刃を全部グラインダーで落としてしまってから、スポンジが透けるぐらいの薄さに切れるようになるまでひたすら研ぐ。そういう包丁じゃないと、切れないんですよ。

最初に作ったのはイグアノドンみたいな草食恐竜で、確か白亜紀前期のムッタブラサウルスだったと思います。オーストラリア産の恐竜なので、日本ではあまりなじみがないかもしれませんが、現地の博物館に収める恐竜でした。その会社では十年くらい働いていましたから、ずいぶんいろいろ作りましたね。

その後、テーマパークの造作を手がける会社や、恐竜の着ぐるみを作っている会社で仕事をしました。機械仕掛けのロボット恐竜と違って、中に人間が入る恐竜です。人間のひざの位置と恐竜のひざの位置はどうしたって違うのに、きちんと自然に動いているように作らなければならない。それが、なかなか大変でした。

数年前に、以前仕事で関わった人から、「田中君、手が空いていたら手伝ってくれないかな」と誘われたのが、ゴビサポートジャパンの仕事でした。そのときは、タルボサウルスの頭骨化石のレプリカを作る仕事でしたね。この仕事が縁で高橋功さんと知り合い、「恐竜博」など恐竜展の仕事も手伝うようになりました。

積み重なっていった恐竜の仕事

先ほど、真鍋先生からチンタオサウルスの肉付きフィギュアの原型を作ったときのお話が出ましたが、「恐竜博２０１６」のときは新しく作り直した骨格標本の塗装や搬入時の組み立て作業にも関わらせていただきました。

あのときは群馬県神流町での作業だったので、お手伝いができたのですが、「恐竜博２０１９」で展示する全身骨格の制作は、北海道むかわ町。ほかの仕事の都合もあって、今回はフィギュアの原型製作だけの参加です。

ゴビサポートジャパンの仕事つながりでいえば、神流町恐竜センターの屋外に展示されている「サンチュウリュウ」の模型も担当しました。大きなものなので発泡スチロールと粘土で原型を作り、石膏で型を取ったあとFRPを貼り込んで仕上げました。屋外設置なので、中には補強の鉄のフレームも入れてあります。

そのほか、神流町恐竜センターのミュージアムショップで販売しているリアルフィギュアシリーズの原型もいくつか作っています。量産して手頃な値段で販売するためのフィギュアなので、あまり凝ったものを作るわけにはいかないのですが、量産型にしては結構よくできていると思います。

「恐竜の仕事をしよう」と思って始めたわけではありませんが、振り返ってみると、恐竜のロボットから始まって、恐竜の着ぐるみ製作、恐竜化石のレプリカ製作、恐竜のフィギュア作りと、恐竜とは何かと縁が深いですね。もちろん恐竜は好きですし、ずっと仕事をしてきたので多少は詳しくなりましたが、コアな恐竜ファンの方々から見れば、まだまだ勉強不足の感は否めません。

こだわりは皮膚やシワといった細部

手品師が人体切断マジックに使う人体模型や、サバイバルゲームのフィールドで使う実物大ヘリコプター模型など、恐竜以外のものもいろいろ作っています。

水族館の屋外展示にあるクラゲの立体展示物も作りましたが、塗装には結構自信があります。透明な質感にとことんこだわって、なかなかの出来栄えになったと思います。

使用している素材は透明ではないのですが、見る角度がある程度限定されれば、塗装で透明感を表現することは可能です。クラゲのカサの表面の模様と、カサ内部の構造のズレや影の映りを塗装で表現することによって、透明感を出すことができます。事前に設置現場の背景の色がわかっていれば、その色を使うのもテですね。

塗装は結構得意です。子どもの頃のプラモデル作りで鍛えたテクニックもありますし、このクラゲのトリックアート的な技法は、恐竜の着ぐるみを作っている会社にいた頃に見よう見まねで覚えました。

本体表面がつるつるでも、トリックアートの要領でウロコやシワを描くと、リアルな質感が表現できるんですよ。そこでは塗装は担当していなかったのですが、「ああいうふうに塗るんだ」「こう描くとそれらしく見えるんだな」と感心して眺めながら学びました。

ある程度の大きさのフィギュアを作るときは、まず見本となる一分の一サイズの画像を用意します。その画像と同じ大きさになるように測りながら、芯にする針金などを使って大まかな形を作り、だいたいのポーズを決めます。ポーズが決まったら粘土やパテを芯に盛って肉付けし、削ったり、盛ったりを繰り返して、少しずつ形を作っていくのです。

手のひらに収まるような小さなものだったら、いちいち設計図を描いたりせず、いきなり作り始めることもあります。

例えば、卵から孵ったばかりのウミガメの赤ちゃんを作るとしますね。甲長が四二ミリメートルだとすると、そのサイズをノギスや定規で測り、パテの塊に鉛筆であたりをつけて、それをリューター（歯医者さんが歯を削るときに使うような機械）でどんどん削っていきます。カメのウロコのような硬い造形は、やわらかい粘土ではうまく表現しにくいのですが、パテをリューターで削ると結構うまくいく。

逆に、ウロコのような硬いものではなく、やわらかくてシワのある造形物の場合は粘土のほうが作りやすいです。スパチュラと呼ばれているヘラを使って、押し当てたり削ったりしながら造形していきます。リューターで削るのを専門にしている人、粘土を盛り上げて作るほうを専門にしている人と、得意分野が分かれることが多いのですが、私は作るものをどう表現するかで、使い分けています。

生物学に詳しい人なら、骨格を見れば、筋肉がどこにどんなふうに付いていたかがわかるそうです。私もすべて知っているわけではありませんが、基本的な付き方を意識しながら肉付けをしています。そうすることで、筋肉が動いたときに、ふくらむところと凹むところのリアルな質感が出るんです。実際にいる生き物らしく、どこまで近づけられるか。シワやウロコなどの体表面の質感にも、結構こだわっています。

ダチョウやゾウが恐竜の資料

恐竜の皮膚の感じは、ダチョウの脚やゾウの皮膚をかなり参考にしています。望遠性能に優れたカメラを持って動物園に行って、ダチョウの脚ばかり撮って帰ってきたこともあるのですが、写真を拡大して見ているだけでは満足できず、ツテを頼ってダチョウ牧場の方に左右一対の脚を譲っていただきました。乾燥させたものをいただいたので、少し変形している部分もありますが、ウロコのつぶつぶした感じといい、足の裏にパッド状のクッションがついているところといい、見れば見るほど今私たちが考えている恐竜のイメージに近い感じがするんですよね。

私はそれほどズバ抜けたデッサン力はないと思っているので、逆に細かい地道な作業を丁寧に行って、細部にこだわるようにしています。デッサンを極めても造形に興味のない人にはあまり驚いてもらえませんが、細かいウロコがびっしり彫り込んであれば、誰でも「うわ、すごい!」って驚いてくれますよね。その驚く顔が見たくて、頑張れるのかもしれません。

最近作った一番の自信作は、水中ジオラマ風のスピノサウルスです。神流町恐竜センターで扱ってもらっていますが、台座に川底の様子を再現した自然な隆起を作ることで、下からの支え棒なしに泳ぐスピノサウルスがうまく表現できたと思います。

スピノサウルスが水生の恐竜らしいという説が出てから、水の中のスピノサウルスのフィギュアがいろいろと作られるようになりました。浮かんでいる感じを出そうとすると、空中に持ち上げるための支え棒が必要です。でも、これを何とか消したかった。

背景に隆起した地面を作り、そこに見えにくい位置で二点接地させることによって、スピノサウルスを浮かせることにしました。

できるだけ自然な一場面を作りたくて、流木周りに小魚が群れている感じとか、水面が近い川底に映る水紋とか……量産の塗装済み完成品ながら、結構細かく作り込んでいるんですよ。

水中ジオラマ風のスピノサウルス。神流町恐竜センターで販売されている

デジタルで制作途中のデイノニクス

「恐竜博2019」のフィギュア製作

「恐竜博2019」でフィギュアを作る話は、二〇一八年の夏ぐらいにいただきました。最初は目玉展示のデイノケイルスと「むかわ竜」の二体を作るお話でしたが、根強い人気のティラノサウルスもということで、三体作ることになったのです。デイノケイルスと「むかわ竜」が北海道大学の小林快次《こばやしよしつぐ》先生、ティラノサウルスが真鍋先生の監修です。要所要所で確認していただきながら、作業を進めていきました。

おなじみのティラノサウルスは資料も豊富ですし、よく知っている恐竜だから困ることはなかったのですが、全身骨格がお目見えすること自体が世界初、まだ形にもなっていない二体は資料が少なくて、正直困りました。それでもデイノケイルスのほうはＮＨＫで作ったＣＧがあるので、「ああ、こういう感じなんだ」とイメージできましたが、「むかわ竜」のほうは「コレが正解」という資料がない。

復元画の資料はあるので彩色のときはそれが参考になりましたが、横から見た図なので、正面や真上からどう見えるのかが今ひとつ、つかめない。クリーニング作業と同時並行な

「恐竜博2019」用に製作したティラノサウルス（左）、デイノケイルス（中）、「むかわ竜」（右）

ので、化石を並べた状態の資料写真はあるものの、見るたびに骨の数が増えていく。骨が増えるとプロポーションが変わってくるので、全体の形がなかなかつかめなくて往生しました。

三体とも中はどれも同じパテを使っていますが、体の表面に関しては、例えばデイノケイルスは羽毛がみっしり生えている感じ、「むかわ竜」はウロコっぽい感じに仕上げました。デイノケイルスの羽毛は、毛などを表現するのに適したパテを薄く盛りつけてから、スパチュラで細かく引っかくようにして再現しています。「むかわ竜」のウロコは、本体のパテを直接リューターで細かく削り出していきます。先ほどのウミガメの話のところに出てきた、粘土とパテの使い分けと同じです。

以前、大昔のゾウ類のフィギュアを作ったときに、現生のゾウに詳しい専門家のアドバイスとして「ゾウの皮膚は厚みが一センチメートルぐらいのところから四センチメートルぐらいのところがある」と聞かされていたので、恐竜だったらこのあたりの皮膚の厚みはどのくらいなのか、シワが寄るとしたら細かいちりめんジワになるのか、筋になるのかと考えながら足したり削ったり。試行錯誤しながら、仕上げました。

最終的に二月の半ばになってすべての原型にOKが出たので、次は量産するための見本作りに取りかかりました。通常は原型を作るところまでで終わることが多いのですが、今回は原型のほかに複製見本も五体ずつ計一五体作って、すべて彩色して納めてほしいという依頼だったので、三月に入ってすぐに型取りを始め、三月の半ば過ぎに全部塗り終わって納品しました。

「むかわ竜」とデイノケイルスの全身組立骨格が、関係者やマスメディア関連の方々の前にお目見えしたのが四月十日でしたから、骨格が組み上がる一ヶ月前にフィギュア製作のほうは一段落ついていたことになりますね。この三体は台座を合わせるとひと続きになるように作ってあるので、三体とも購入されると「恐竜博２０１９」ジオラマふうになるんですよ。楽しんで飾っていただけるとうれしいです。

フィギュアを作る上でのモットー

今回の三体をはじめ、これまでフィギュア製作はすべて手作業でしたが、最近になってようやくデジタル原型も覚え始めたところです。パソコン内での作業ですが、骨組みを作って肉付けをして、削ったり盛ったり、一本一本の羽毛や一個一個のウロコまで丁寧に描いていくという作業手順そのものは手作業と変わりませんが、デジタルなら、あとからのポーズ変更などもラクになります。

また、デジタルで作った原型なら数センチメートルの机上サイズだろうと、数メートルの屋外サイズだろうと、一つのデータから３Ｄプリンタ等で出力できるという最大の利点があります。結構高価なソフトを使うのですが、デジタル原型に移行されている方も少しずつ増えているようですね。

これまで、いろいろなものを作ってきましたが、終始一貫して変わらないモットーは「かっこよくもなく、かわいくもないものは作りたくない」ということ。

肉食恐竜はだいたいかっこよくなるし、草食の恐竜はかわいげがあるので、恐竜に関してはだいたいどちらかに仕上がってくれますけど、例えばモンスターみたいなものを作るときや妖怪を作るときも、怖いんだけどかっこいい、一見気持ち悪いんだけどかわいい、そんな造形を目指しています。

田中寛晃（たなか・ひろあき）
造形師。武蔵野美術大学短期大学部卒業。造形師として数社を経て、現在は友人の工房「チョコレートスタジオ」で原型と塗装を担当。神流町恐竜センターのオリジナルフィギュアや恐竜博のフィギュアの原型も製作している。

第三章

恐竜博を始めよう

「恐竜博２０１９」の企画は二〇一六年から始まった

実は、科博の特別展示室のスケジュールは、さまざまなテーマの展覧会の予定でかなり埋まっています。早めに予約をしなければ、会場を押さえることができません。

本来、取り上げたいと思うテーマが先にあって、そのために会場を押さえるわけですが、科博の展示に関しては、そのようにいっていられないことも多々あります。とにかく開催時期とメインの展示だけは押さえないと、いつになっても恐竜展を開くことができない、ということになってしまいます。

恐竜博開催の準備には少なくとも三年は必要になるため、とりあえず三年以上先のスケジュールを押さえておくわけです。手帳を確認してみたら「恐竜博２０１９」の最初の打ち合わせは、二〇一六年一月でした。この時期は、実は「恐竜博２０１６」の開催を二ヶ月後に控え、最終準備で大わらわ、なときです。

会場を押さえておくのはいいとして、なぜそんなに早く動き出すのかというと、恐竜博を開催するためにはさまざまな国の大切な化石をお借りしなければならないからです。展覧会の目玉になるような重要な化石は、貸してくださる国や機関にとっても宝物です。交渉や契約に年単位の時間がかかることもありますし、さまざまな準備も必要になるため、一年前では全然間に合わないのです。

また、今回のように新たな恐竜化石の組み立てをお願いするのにも、二年三年の制作期間が必要なので、展示の核となるものだけでも早く決めておこうというわけです。

今は「恐竜博２０１９」の準備の真っ最中ですが、すでに次の企画も動き出しています。早速、内容を練りたいという声も挙がっていますが、まずは「恐竜博２０１９」の蓋を開けて、ご来場のみなさんの反応を見てからにしましょう、というお話で待っていただいています。

科博との共催を希望してくださる企業等は、開催ごとに異なります。一社だけだったり、二社一緒にとさまざまですが、「恐竜博２０１９」に関しては、国立科学博物館、日本放送協会（以下、ＮＨＫ）と株式会社ＮＨＫプロモーション、株式会社朝日新聞社の四組織の共催で、展覧会の中身を考える企画チームはＮＨＫの佐藤《さとう》翔太郎《しょうたろう》さんとＮＨＫプロモーションの野邊《のへ》地章太《じしょうた》さんが中心になって詰めていくことになりました。

一方の朝日新聞社は、佐藤洋子《さとうひろこ》さんを中心とする広報チームとして展覧会を盛り立てる役割です。早めに決めた目玉の二つ、「むかわ竜」とデイノケイルスをどんなふうに見せたら、来場者が喜んでくれるのか。わくわくするような展示構成と見せ方を考えていかなければなりません。

最初の構想は「恐竜五大陸選手権」

企画チームの佐藤翔太郎さんと野邊地さんが私を訪ねてきたときは、まだ展覧会の目玉となる「むかわ竜」とデイノケイルスを展示する、ということしか決まっていませんでした。どちらも魅力的な化石ですが、この二つだけを並べるには、特別展示室は広すぎます。

お二人は恐竜の展示に関しては初心者とはいえ、さまざまなテーマの展覧会やイベントを手がけてきたその道のプロ。二〇二〇年のオリンピックに先駆けて「恐竜五大陸選手権」はどうだろうなど、さまざまなアイデアが飛び出しました。

世界中の恐竜を集めて一番速い恐竜、一番強い恐竜、一番大きな恐竜を決める選手権。そんな展覧会が実現したら面白そうです。きっと子どもたちも喜んでくれるでしょう。ただ、五大陸の恐竜を見ることによって達成できる学術的な目標を設定することができなかったため、このアイデアはボツになりました。

そんなふうにいろいろな話をする中で、二〇一九年は恐竜研究の転換期になったデイノニクスの発見からちょうど五〇年。節目となる年なので、「恐竜ルネサンス」という入り口からデイノケイルスと「むかわ竜」を紹介する展覧会にしたらどうだろう、という話になって、だんだんまとまってきました。

一九六九年に発表されたデイノニクスという恐竜の出現で、それまで鈍重なイメージだった恐竜が、実は活発に動いて知能もそれなりに高かったらしいことがわかり、恐竜のイメージをがらりと変えたわけです。

ですから、ここで一度恐竜研究の歴史をおさらいし、その最新の研究成果ともいえる「むかわ竜」とデイノケイルスを紹介すればいい。展覧会の最後は、恐竜の繁栄に終止符を打った「隕石衝突」に関する最新の研究を紹介し、恐竜研究の未来を語っていこう。そんなふうに、大まかな流れが決まりました。

私はティラノサウルスは常設展示にもあるし、今回の展示に入れるつもりはなかったのですが、お二人が「あのぐわっと開いた迫力のある歯を見せたい」「人気の恐竜だから、どこかに入れてほしいです」とおっしゃるので、あるシナリオの脇役にすることにしました。それは、第四章の展示大作戦のところでご紹介しますね。

借りる算段は電卓とにらめっこ

展示のストーリーが決まってさまざまな意見を出し合ううちに、メイン以外の見せたい化石が決まってきます。最初に「恐竜ルネサンス」のコーナーを作ってデイノニクスを語るなら、ジョン・オストロム先生が研究されていた「ホロタイプ標本」をぜひ見せたい。これは小さいけれども「恐竜博２０１９」にとって三つめの、私にとっては大きな目玉になる化石です。

みなさんにお見せしたい標本をあれもこれもとリストアップしていったら、結局今回九〇点を超える展示物をお借りすることになりました。歯一本でも一点、全身骨格標本でも一点と数えます。

最初は、私から現地の博物館なり大学なりにご連絡して、研究者レベルで内諾をいただいてから、佐藤さんと野邊地さんに正式な交渉をお願いします。

これだけの点数のものを一つひとつ契約していくわけですから、企画チームは本当に大変だと思います。借用料も条件もそれぞれに違いますし、国宝のような位置づけのものの場合は、国外に出す手続きが非常に煩雑で、何度もやりとりする必要が出てきます。それこそ科博の展示室の温度湿度などの環境がどうなっているのか、警備体制がどうなっているのかといったさまざまな書類を提出して、安心していただいてやっと申請書が出せる。そんなケースもあります。

最終段階で「待った」がかかり、結局借りられないことも中にはあります。でも、恐竜博はこの先も続いていくので、「恐竜博２０１９」には間に合わなかったけれど、次の企画には貸してもらえるように、布石を打っておく場合もあります。

また、借用料だけではなく、現地と日本の往復輸送費、梱包を解くとき包むときの立ち会いのために来日する現地の研究者やスタッフの交通費、滞在費、そういう経費の管理も企画チームの仕事です。

かなり予算をオーバーするものが出てくると、「先生、どうしてもあの化石じゃないとダメでしょうか」と小声で相談されることもあります。でも、やっぱりそれが展示の流れの中で欠かせない化石だったら、「それはきちんと伝えるために必要な要素なんです」とお伝えしなければなりません。そのかわり、可能な限り「だったらこちらを減らしましょう」というような提案はするようにしています。

デイノニクスはビジネスクラスでやってきた

デイノニクス研究の第一人者、オストロム先生はイェール大学院時代の私の恩師です。先生に教わったのは晩年にあたりますが、あまり教えてくれない先生でしたね。ご自身が大発見をされた経験をたくさんお持ちなので、迷いながら道を進んでいった先にある、ぱあっと霧が晴れていき「あー、そうだったのか！」と感激する瞬間を、邪魔するような野暮なことはしたくないとおっしゃっていました。「羽毛恐竜」が見つかって、先生が提唱した「恐竜温血説」と「鳥類の恐竜起源説」が実証されるのを見届けて鬼籍に入られましたが、すごい業績を遺されたなあと思います。

ホロタイプ標本を貸していただけるのは、オストロム先生が私の恩師だったこともありますが、日本に貸出するとかっこいい展示台を作ってくれるだろうから、それをそのまま寄付してほしい、というのも貸出の条件でした。

打ち合わせのため佐藤さんと一緒にアメリカに渡り、帰国時はお借りしたデイノニクスの化石とともに帰ってきたのですが、そのとき大事なデイノニクスの化石を持ち帰ってく

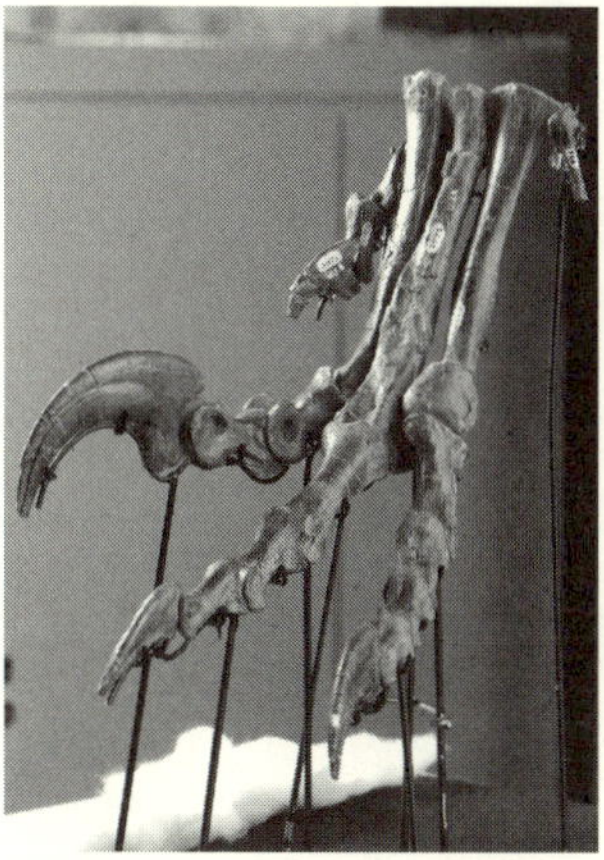

右：デイノニクスの化石が入ったスーツケースを大事そうに抱える佐藤さん
左：佐藤さんが持ち帰ったデイノニクス台座制作前の仮組み

れたのが、佐藤さんです。

こういう輸送の仕方をハンドキャリーといい、手で運べる大きさと重さの貴重な標本は、よくこうして運ばれます。足元に荷物を置くスペースがあるのでビジネスクラスでの移動になりますが、通常は所蔵している博物館のスタッフや研究者が運びます。今回は研究者の私も一緒でしたし、先方のご好意で持ち帰らせていただきました。

佐藤さんは、飛行機の中でも自分用のブランケットで足元のスーツケースをくるみ、日本から持っていった防犯用のチェーンロックで自分の足にしっかりつないで、飛行中も片時も離さず、賓客として扱っていました。飛行機に乗り込むまでは、元ニューヨーク市警の個人警備の方がずっと付き添ってくれ、日本についてからは出迎えてくれた美術輸送のプロと収蔵庫に運びました。

どれほど貴重なものかが、そんなエピソードからもわかっていただけると思います。当の化石にしてみたら、化石になるほどの長い年月を土の中で眠っていたのに、飛行機で空を飛んだ気分はどうだったでしょうね。

企画チームが展示の中身作りに奔走する一方で、広報チームの佐藤洋子さんは、チラシやポスター、プレスリリースの作成といった宣伝活動のほか、オリジナルグッズの開発と音声ガイドをとりまとめてくださいました。どういう活動をされていたのか、ご本人にうかがってみましょう。

宣伝チラシは進化する

佐藤洋子さん（朝日新聞社）

広報チームの役割は、恐竜博のことを多くの人に知ってもらって動員に結びつけること。そのためにどういう仕掛けをすればいいかを考えるのが、仕事です。「恐竜博２０１９」の情報を正式に世に出すという意味でいうと、最初の「先行チラシ」を配り始めたのが、二〇一八年の一一月半ばくらいです。

「こんな展覧会をやります」という告知は、だいたい半年以上前から始めます。先行チラシを配布すると同時期に、「恐竜博２０１９」のウェブサイトも開設しました。半年前だとまだ決定していないことも多いので、チラシに載せられる情報も少なく、ウェブサイトで告知できる情報もチラシと似たり寄ったりです。

今回の恐竜博で、私たち宣伝する立場の者が頭を悩ませたのは、迫力のある肉食系の恐竜がメインではない、ということです。

今まで朝日新聞社が関わって科博で開催してきた恐竜博は、二〇〇五年のときは当時世界最大だったティラノサウルス「スー」が話題をさらいましたし、二〇一一年はティラノサウルスとトリケラトプスが対決するような展示でした。二〇一六年は、スピノサウルスというティラノサウルスを超える大きな肉食恐竜がいて、ティラノサウルスと並べて紹介するといった感じに、子どもがパッと頭にイメージできる恐竜がメインだったんです。

ところが、今回の目玉はデイノケイルスと「むかわ竜」。もちろん学術的には素晴らしいし、すごく面白い展示であることは間違いありません。ただ、ティラノサウルスやスピノサウルスには迫力で負けるかもしれません。ティラノサウルスやスピノサウルスのようないかにも「私、肉食してます」という大きな歯ではありません。そもそもまだ全身骨格の復元の真っ最中で、写真素材もありません。

でも迫力は伝えたいし、今回「世界で初めて」公開することもインパクトのある表現で紹介したいと思って、デザイナーさんたち数人にお願いして、コンペ形式でデザイン案を出していただきました。少ない手持ちの素材の中で、しかも肉食系でもない恐竜たちをメインにして、どうやって迫力を伝えられるか。全会一致で決まったデザインは、インパクトのある文字組みと大胆な写真使いで、それをうまく伝えてくださったと思います（101ページ参照）。

先行チラシ「むかわ竜」の面

2018年末〜19年年明け頃に配布された先行チラシ。デイノケイルスの面

内容がだいぶ固まってきた四月には、展示の内容や前売りのチケットセットの情報を掲載したチラシを配布（102ページ参照）。さまざまな媒体でも紹介していただけるよう、プレスリリース用のパンフレットも作って配りました。開幕一ヶ月前には、チラシのビジュアルを全身骨格の写真に入れ替えて、開催期間中予定しているイベント情報を加えた最後のチラシを出します（102ページ参照）。

意外に知られていないのですが、恐竜博に限らず、大きな展覧会であれば刻々とチラシが進化していると思います。マイナーな楽しみ方ですが、そんな変化も面白がっていただけると、作っているほうとしてはうれしいですね。

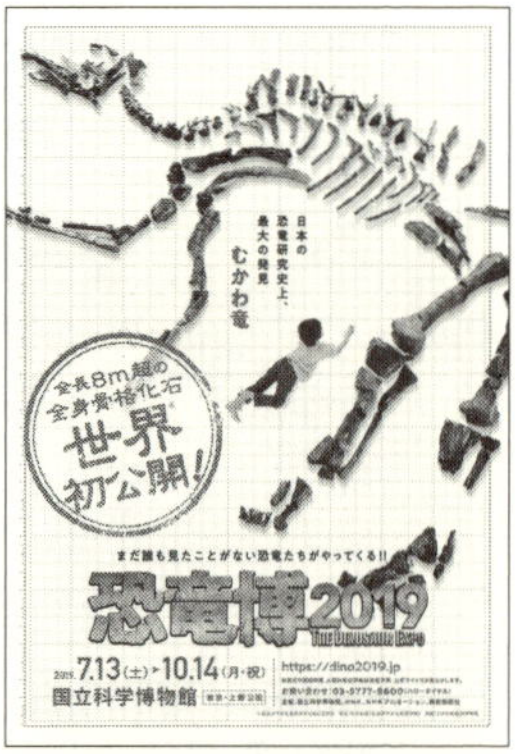

子どもたちを対象にしたチラシも作成。デイノケイルス、「むかわ竜」の両面

チケット情報を盛り込んだチラシが完成。19年4月頃配布

いよいよ恐竜博間近。最後のチラシ

「いろいろなところで目にする」と思わせるには

いよいよ開催間近になると、主要駅に交通広告を出したりもします。チラシやポスターは興味がある人が手に取るものですが、交通広告は不特定多数の人の目に入ります。そこでどういうインパクトを持たせるといいのか、そんなことも考えてデザイナーさんと打ち合わせしていきます。

近年欠かせないＰＲの筆頭といえば、やっぱりＳＮＳ系ですよね。公式ツイッターを開設したり、ＳＮＳ広告を使ってこの期間、こういう層に向かって呼びかけましょうとか、多方面に情報を流していくんです。

昔は少し長いスパンで考えて要所要所で告知を行っていましたが、最近は会期間際の情報が好まれ、昔のように先々の予定を見込んで前売り券を買ったりする人が少なくなっています。展覧会が始まってから告知を見て、行った人たちのクチコミで様子をうかがって「よし行こう」となる傾向があるようです。

そこで、ばーんとＣＭを打つのは会期間際。「ＳＮＳ系でも見たし、交通広告やいろいろなところで見るよね」というように、集中的に情報を送って動員を目指す戦略です。開催間近の時期には朝日新聞でも紙面に告知を出しますし、ＮＨＫさんでも特番を放映したりするので、七月頭ぐらいから会期始めぐらいの時期は、そこかしこで「恐竜博２０１９」の広告を見ることになると思います。

オリジナルグッズの舞台裏

最近の展覧会では、多種多様なオリジナルグッズの製作が欠かせません。二〇年ぐらい前だったら、展覧会グッズといえば、一筆箋、クリアファイル、トートバッグ、絵葉書、以上終わり！　で済みましたが、今は本当にさまざまなグッズが作られていますよね。グッズのユニークさや素晴らしさが話題になれば、それが展覧会自体のＰＲにもなるので、私たちもグッズ開発には力を入れました。

恐竜ファンに知らない人はいない海洋堂さんに恐竜フィギュアの製作をお願いして、前売り券と一緒でなければ手に入らない特別色のシリーズをセットにして販売しますし、会期中は別色のシリーズをカプセルトイとして販売します。

一方で、特に恐竜にはあまり興味のない層に呼びかけるために、すみっコぐらし（Ⓒ2019 San-x）という人気キャラクターともコラボレーションしました。すみっコぐらしが子どもの間ですごく人気があるのは知っていましたが、そのキャラクターの中に、「本当は恐竜なんだけど、バレるとつかまっちゃうから隠してる」という子がいることを教えてくれた人がいて、調べてみたら、すごくかわいい。「これだ！」と思いましたね。

すみっコぐらしの版権元の会社にコラボレーションしていただけないかとお願いに行ったら、「実はこのキャラクターを作ったときに、将来そんな話が来るといいなと思っていたんです」といってくださって、まさかの快諾。恐竜博に合わせてキャラクターたちに恐竜の格好をさせたキャンペーンを展開してくださったり、展示される「むかわ竜」などをモチーフにしたキャラクター衣装をデザインしていただき、恐竜博会場限定のオリジナルグッズを作ってくださいました。

これも、先生方の監修が入っています。ご指摘を受けて、くちばしの先をちょっと幅広にして、尻尾を上げてもらったら、俄然「カモノハシ恐竜」らしさが出てきました。グッズのデザインを見て、「ふだんは恐竜博には行かないけれど、これは行かなきゃ」とつぶやいてくださる、すみっコぐらしファンの方が続々と現れて、ちょっと楽しみにしています。

デイノニクスのカギヅメの形の「孫の手」も、話題作りの一環です。学校などで差し棒としても使ってほしいですし、話題になって面白いなと思っていただけたら万々歳です。

音声ガイドも進化する

今回は、音声ガイドも一味違う演出を試みました。

最近のガイド役は俳優さんだったり声優さんだったりが多いのですが、今回は放送作家の鈴木おさむさんとご一緒させていただくことになりました。鈴木さんご自身も恐竜がお好き。息子さんも恐竜がお好きだという情報をつかんだので、こちらもダメ元でお願いに行きました。

恐竜の展覧会は難しそうと思う人もいると思いますが、鈴木さんに構成までご協力いただけたら、わかりやすく楽しんでいただけるきっかけ作りになるのではないかと期待したのです。

鈴木さんご自身も子育て中のお父さんで、私たちがイメージしている展覧会のターゲット層にぴったり。その目線も生かして一緒に作ってくださいませんか、とお願いしたところ、こちらも快諾していただきました。今回はどれもすごくうまく進んで、ありがたい限りです。

また、今回は、鈴木さんのラジオ番組のように、鈴木さんと真鍋先生、お二人の掛け合いのような音声ガイドにしようと思っています。

一つ懸念していることは、音声ガイドは尺（時間）が重要になるんですね。一箇所あたり一分〜一分半を目安にしていますが、聞いていて立ち止まられすぎても困ると思っています。お二人の話が弾むことを考えると、ボーナストラックで会場内の好きな場所で聞けるようにするのがいいのかなど、今、音声ガイドの会社の方と話し合っているところです。

真鍋先生もお話がお上手で、私たちがこういうふうにいきたいというところを汲んで話してくださるので、とても助かります。鈴木さんも、その道のプロ中のプロ。だから、どんなふうになるのか、とても楽しみです。

これらは、まだ広報チームが担当している仕事の一部です。会期中の会場運営なども担当します。もちろん私たちが全部行うわけではなく、会場運営を専門にされている会社に依頼しますが、人員配置や混雑対策などを一緒に考えます。特に夏の開催ですから、テントを出したりとか、給水器を置いたり、熱中症対策や安全対策は欠かせません。

展覧会を作る仕事って、結構何でも屋なんです。本当にいろいろなことに関わっています。だから飽きません。

華やかに見えますが、九九パーセントは雑用と事務調整作業。とはいえ、毎回テーマが変わるたびに学びがあります。専門の先生と密にやりとりをさせていただき、その都度勉強させてもらえるのだから、冥利に尽きます。すごくしんどいときもありますが、会期が近づくとどんどんアドレナリンが出てきて、開幕すると、楽しかったことしか覚えていません。それまでの苦労が吹っ飛んでしまうんでしょうね。

広報チームが一番伝えたいこと

今回の恐竜博の強みというか面白さって、目玉の「むかわ竜」が完全なメイドインジャパンだということ。今までの目玉展示は海外からお借りしてきたものばかりだったため、発掘に携わっていたのも海外の人でしたが、今回の「むかわ竜」は北海道で見つかって、それに携わっている人も日本人。発掘だけではなく、発見した人もそうですし、見つかっていたのに首長竜だと思われていて、ずっと長い間寝かされていたという秘話もある。

新種の恐竜らしいとわかってからは、町民の方が発掘とかクリーニングとか型取りとかをして、恐竜を復元するぞと意気込んでいらっしゃるし、それにゴビサポートジャパンの高橋さんも応えて「むかわ町が恐竜で頑張るなら応援しよう」と、神流町からむかわ町に拠点を移されたとか。

とにかく、「むかわ竜」にまつわるヒューマンドラマがふんだんにあります。こういうことで語れる恐竜博は、なかなかないですよね。そういう意味でも、面白くないはずがありません。

真面目な話になりますが、今回一番受け取ってもらえたらうれしいなと思うのは、これで日本の恐竜研究の未来が変わるかも、ということです。

「むかわ竜」のおかげで、これまでは断片的にしか見つからなかった日本の恐竜にスポットが当てられました。これだけ完全な化石が見つかるなんて、誰も想像していませんでしたよね。しかも、それが想定外の海の地層なんですから。

今までの恐竜研究の中心はアメリカだったり中国・モンゴルだったりしましたが、いやいや、自分たちの足元にもまだまだ可能性が眠っているじゃないか。そういう現実味のある夢に気づかせてくれました。

来場した子どもたちが、大きく胸をふくらませるきっかけになる、それが、今回の恐竜博の一番素敵なところだと思います。

第四章

展示大作戦

魅力ある展示を作る専門家

企画チームを中心に広報チームや関係者が集まって何度も会議を重ね、「恐竜博2019」の大枠が決まったのは、二〇一七年秋頃でした。開催まであと一年八ヶ月ぐらいです。見に来てくださるみなさんにどのような世界をお見せするか、約一〇〇〇平方メートルの特別展示室をどう使うか、具体的な話し合いが始まりました。

まっさらな状態の特別展示室は大きな一つの空間で、テーマごとに間を仕切る壁も展示物を照らすスポットライトも何もありません。魅力的な展覧会にするための、さまざまな仕掛けが必要です。それを実現してくれるのが、空間デザインや施工管理を行う方々です。「恐竜博2019」のデザイン・施工は、株式会社東京スタデオさんに依頼しました。このプロジェクトを統括するのはベテランの小南雄一《こみなみゆういち》さん、そしてデザインを担当するのは若手の須田有希子《すだゆきこ》さんです。

小南さんは展示イメージを具体的に提示するのがお上手で、「ちょっと作ってきました」とにこにこしながら主要部分の模型を見せてくれます。パソコンのモニターにつないだＣＣＤカメラでその模型を撮影しながら、観客の目線で見た映像を見せてくれます。想像していた頭の中のイメージが目の前に提示されるので、「これだと見づらいですね。もう少し工夫しなくては」「思っていたよりも迫力がありますね。このままいきましょう」など、具体的な意見が出てきます。

その分、細かい注文が増えるので小南さんたちは大変だと思うのですが、「いいものにしたいから」とおっしゃって、次の会議のときには修正した具体的な提案を出してくれます。もちろん無理な注文には、「かなり経費が必要ですよ」「強度や安全性を考えると難しいですね」など、専門家の立場でアドバイスしてくれます。

施工管理は別の部署の方が担当されますが、企画段階から具体的な形になるところまでずっと一緒に走ってくださるので、みんなで頼りにしています。

小南さんと須田さんが最初に作ってくださった二〇一七年十月の図面を見ると、まだ大きく二つ、「一．恐竜ルネサンス五〇年＋最新研究＋これから」と「二．日本の恐竜（海生爬虫類含む）＋K/Pg境界」というくくりしかできていなかったことがわかります。

一年半以上かけて何度も会議を重ねるうちに、最終的には五つの章とエピローグ、「第一章　恐竜ルネサンス五〇年」「第二章　ベールを脱いだ謎の恐竜」「第三章　最新研究から見えてきた恐竜の生態」「第四章『むかわ竜』の世界」「第五章　絶滅の境界を歩いて渡る」「エピローグ　これからの恐竜学」の六部構成にようやく落ち着きました。

それぞれの展示にはどんな工夫や思いが込められているのか、この先はお二人を代表して、小南さんに具体的にお話ししていただくことにしましょう。

恐竜も展示も進化する

小南雄一さん（東京スタデオ）

三年前の「恐竜博２０１６」も私たちが担当させていただいたのですが、それがいい経験になりました。そのおかげで、今回は最初から信頼関係を築くことができていたので、コミュニケーションや情報共有がスムーズに進みましたし、設営と同時並行で恐竜を組み立てていただくゴビサポートジャパンの高橋さんにも「東スタさんなら安心だ」とお墨付きをいただきました。そういうみなさんのご期待に、今回もお応えしたいと思っています。

「恐竜博２０１６」のときは、「スピノサウルスは水の中で暮らしていた」という学説がひと目で伝わるように、水中を連想させる青い水の背景を作って低い姿勢で設置し、それを陸地から狙うティラノサウルスは、対峙する位置の少し高いステージに乗せました。高低差をつけることで、襲いかかっている感じがうまく出せたんじゃないかな。あれは、我ながらよくできたと思っています。

設計に際していつも考えているのは、企画されたみなさんが、来場者にどの角度で何を見てもらいたいのかということです。正面を見せたほうがいいのか、うつむき加減で見せたほうがいいのか。みなさんの強い思いを聞き出して、それを形にするのが私たちの仕事です。

模型やCCDカメラを使った説明がとてもわかりやすいといってくださいますが、みなさんの思いを具体的な形にするには、具体的に見せたほうがいい。それともう一つ、私はもともと工業製品のデザインをやってきた人間なので、ちまちまものを作るのが好きなんです。

説明に使う恐竜は展示に使う標本に似せて、既存の模型の尻尾や脚を曲げて加工して使います。

例えば、今回使ったデイノケイルスの模型は前回のスピノサウルスの模型を加工したもの。背中に似たような帆があるので「いわれてみれば」程度には雰囲気が出るでしょう。タルボサウルス役に見立てたのは、近縁種のティラノサウルスの模型です。

今回の展示ではこの二体を対峙させるのですが、CCDカメラの映像をモニターで見ていただけば、くどくど説明しなくても、展示の迫力や見え方が一目瞭然にわかります。

そのほかにも、例えば来場者と恐竜の目線が合う展示になっているのか、混雑時に前に

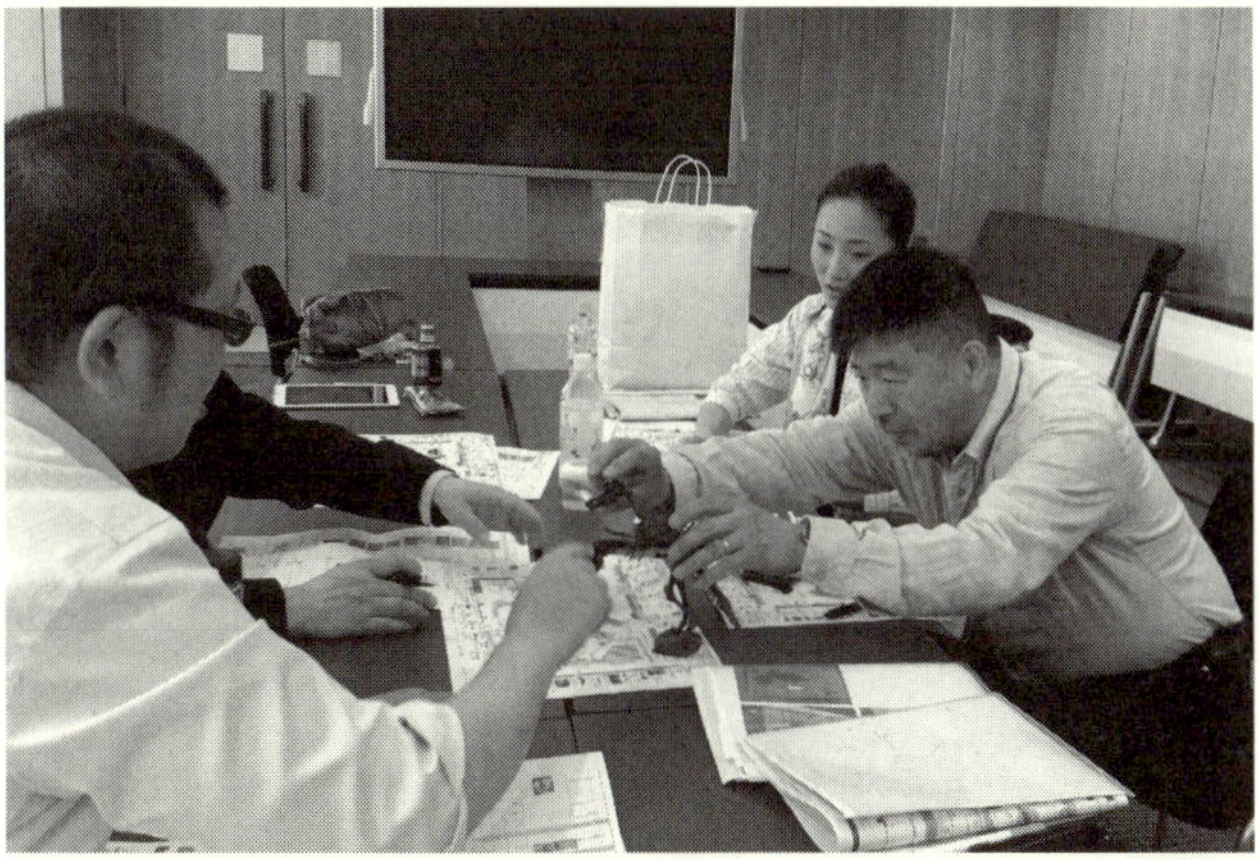

頭の角度をどうするか検討中。手前からNHKプロモーションの野邊地さん、東京スタデオの小南さん、須田さん

人が立つと奥が見えなくなったりしないか、といったこともわかりますよね。照明の当て方でこういう影が出ますということも、実際に見てみないとわかりません。

また、おそらく先生の頭の中には骨格の形が入っていると思いますが、それでも実際に「こういう角度でもう一匹がこうくると、どう見えるのか」というのは想像しにくいですよね。この方法なら、CCDカメラの映像を見ながら「もう少し恐竜の位置を上げよう」「向きは反対にしよう」といった具体的な相談ができますし、「実際に設営してみたら、図面で見ていたイメージと何か違う、今から変えられないか」といったトラブルも防ぐことができます。

展示会場を設営しているときに「やっぱり

デイノケイルスとタルボサウルスを対峙。照明の当て方も大事なポイント

来場者から見える２体の姿をイメージ

この恐竜のステージをあと十センチメートル上げてほしい」といわれたら大騒ぎなんです。というのも、骨格を組み立てるときはやぐらを組む足場が必要ですから、展示ステージの周囲を広げ、組み立て用のステージを別に用意しておく必要があります。

だから「展示用のステージを十センチメートル上げて」といわれたら、組み立て用のステージも十センチメートル上げなければならなくなります。時間が限られている中で、この変更は大ごとです。だから、設営してみるまでわからなかった、ということのないように、事前にできる限り検証しておきたいと思っています。

企画の段階で何度も見え方の検証をしているので、設営が終わって会場を歩くと「この景色、どこかで見たことがあるなあ」「モニターで見た模型の通りだ」なんていわれます。

変更に次ぐ変更で、どんどんいい会場に

先ほど真鍋先生がおっしゃったように、一番最初に提出した二〇一七年十月の図面は、かなりざっくりした状態です。メイン以外の展示がほとんど決まっていません。ここから企画チームや先生方の「こうしたい」「ああしたい」という意見を加えて、少しずつ詰め

ていきます。

最初はまだ夢のアイデアなので、会場の中央に巨大なスロープを作ってみました。最初に坂道を上がって展示されている恐竜の全貌を見渡し、そのまま地面に降りて間近でじっくり堪能し、出口に至るという提案です。でも、会議に参加したみんなで図面を眺めながら「やっぱり現実的じゃないよね」ということになって、スロープは消えました。

恐竜ルネサンスから始まるという流れは最初から変わっていませんし、基本の軸はぶれませんが、会議を重ねて提案が具体的になればなるほど、話がどんどんふくらんで追加の展示物が増えていきます。「比較の恐竜がもうちょっと必要だね」「じゃあ、それを貸してもらえるように手配しよう」、そんな感じです。結局前回の「恐竜博２０１６」よりも展示数が多くなりましたし、大型の骨格標本も増えましたね。

細かいマイナーチェンジもあるし、もう何回図面を変えたかわかりません。全体会議のとき以外にも真鍋先生たちとはメールでやりとりさせていただいて、修正を重ねていきます。前回「これでいきましょう！」と決まっても、「やっぱりこっちに」ということも多々あって、いい意味で振り回されていますが、どんどんよくなっていくのはうれしいし、こちらもできる限りそれにお応えしたいと思っています。

会場設営開始は六月末。オープンまで約二週間で完成させなければなりません。展示に必要な造作物はできるだけ余裕を見て作りたいので、設営が始まる一ヶ月前ぐらいには中身がほぼ確定してくれるといいなと思っていますが、どうでしょうか。結構ぎりぎりのスケジュールになるかもしれません。

オストロム先生の偉大な発見

来場されたみなさんが最初に出会うメイン展示は、「デイノニクスの足とカギヅメ」です。小さいものですが、ある意味これが今回のメインともいえる標本で、恐竜研究の歴史をがらりと変えた標本です。

真鍋先生からは、「オストロム先生が『恐竜温血説』を提唱するもとになった化石です。ホロタイプ標本といって『デイノ（恐ろしい）ニクス（ツメ）』という学名は、まさにこの化石から生まれたもの。ぜひ象徴的に見せてください」と頼まれました。三六〇度ぐるりとご覧いただけるように円筒形のケースに入れて、スポットライトを当てて展示する予定です。

この展示から先に進むと、大きな草食恐竜を群れで襲うデイノニクスの展示が現れるのですが、これはオストロム先生の思考を具体化した展示です。
「自分よりも大きな草食恐竜を相手に、足のカギヅメを武器にするなら飛び蹴りをしなくちゃいけないだろう。おそらく何度も飛び蹴りしただろうし、体が小さい分、群れをなして行動するような賢さも必要だろう。変温動物の爬虫類には、飛び蹴りを繰り返せる持久力や大きな脳を持つことは不可能。恒温動物の鳥や哺乳類じゃないと、できない。だとすると、デイノニクスは恒温動物だったんじゃないか」。

オストロム先生は、そんなふうに思いめぐらしたのだそうですよ。

それほど重要な実物標本を所蔵先のイェール大学が快く貸し出してくれたのは、真鍋先生がオストロム先生の直弟子だったこととも一つ、「日本に貸し出せばきっとかっこいい展示台を作ってくれるだろうから、展示に使った台ごと返却」するのを条件に、ＯＫが出たと聞いています。展覧会が終わってからもずっと使ってもらえるわけですから、制作にも余計力が入ります。

単純に置いて展示するのではなく、あたかも生きているがごとくの立体物として見せたいと思って、クリスタルの展示台をデザインしました。制作にあたっては本物そっくりの複製を使い、展示が始まる直前に本物と入れ替えます。企画チームの佐藤翔太郎さんが運んできた実物化石は、開催までの間、秘密の場所に大切に保管されていたようです。

「鳥類の恐竜起源説」のもとになった前肢の化石も、重要な意味を持っています。真鍋先生は、このように説明してくださいました。

「恐竜の手首の関節は上下にしか動かないはずなのに、デイノニクスは横にも動かせることに、オストロム先生は気がついたんです。デイノニクスはほかの恐竜たちと違って、始祖鳥や鳥と同じ平泳ぎのような動きができる、それはなぜか。

始祖鳥や鳥にとっては、翼をたたんだり広げたりするのに必要な動きですが、恐竜のデイノニクスになぜその動きができるのか、その当時はわからなかったんです。でも、こういう手首をしているのは、デイノニクスのような恐竜と始祖鳥と鳥しかいない。だとしたら、デイノニクスのような恐竜から始祖鳥や鳥に進化していったんじゃないか。そう考えられるわけです。

羽毛や翼のある恐竜が発見されるようになった今なら不思議ではありませんが、恐竜は変温動物の爬虫類だと考えられていた五〇年前には、誰もうまく説明することができませんでした」

驚き追体験、謎多きデイノケイルス

次に、ゴビ砂漠の謎の恐竜デイノケイルスです。一九六五年に発見されていたデイノケイルスの「恐ろしい手」の迫力も、展示で出したいと思っています。この大きさ、すっぽり包み込まれてしまう感じを体感していただけたらと考えています。

後ろに鏡をつけて、デイノケイルスの腕の中にすっぽり収まってしまうようなフォトスポットにしたいですね。「こんな写真が撮れた！」と喜んでいただきたいのはもちろん、そういう写真がＳＮＳで拡散されて、入場者数がさらに増えてくれることも期待しています。

世界初となる全身骨格のほうは、通路を隔ててタルボサウルスと対決させ、にらみ合うポーズにする予定です。デイノケイルスとタルボサウルスがにらみ合っている間を通り抜けるのって、かっこいいと思いませんか？　きっとみなさん、この二大恐竜と一緒に写真を撮りたいだろうなと思って、ここもフォトスポットにすることを目論んでいます。

実際に写真を撮ったときに魅力的な写真になるのか、最初にお話しした恐竜模型とＣＣ

Dカメラを使ってシミュレーションをしていますが、みなさんに喜んでいただけるかどうかは、蓋を開けてみないとわかりません。そこが楽しみでもあり、不安でもあり、というところです。

デイノケイルスは長い間、尖ったカギヅメのある長さ二・四メートルの前あししか見つかっていなかった謎の恐竜です。前あしだけ見ていると、いかにも獰猛で大きな肉食恐竜。なのに、見つかってみたら全然違っていたわけですよね。頭骨は草食のハドロサウルス類みたいですし、背中にはスピノサウルスの背びれみたいな突起があるし、後ろあしはひづめのような形です。

バラバラに見つかっていたら、絶対それぞれ別の恐竜に分類されてしまうようなキメラ的な恐竜、想定外の驚きに満ちた恐竜なんです。最初は全体の姿がわからないようにして、まず前あしだけをばーんと展示。前あしからどんな姿の恐竜なのかを、想像していただこうと思っています。次のコーナーに進むと「実はこんな恐竜でした」という答えがわかる、研究者の驚きを追体験していただけたらと思っています。

「むかわ竜」を魅せる

日本の恐竜で全身の八割、全パーツがある大きな恐竜なんて、画期的な発見です。「むかわ竜」のコーナーは、レプリカで組み立てた全身骨格と、実物化石を並べて全身を復元したものの二つを展示する予定です。八メートルクラスの大きな化石でこれだけの骨が見つかるのはすごいことですから、その迫力を見ていただきたいと思っています。

レプリカの全身骨格は、最初の構想ではステージを少し上げて、「むかわ竜」が上から見下ろしているような展示を考えていたのですが、骨格の組み立てを依頼する際に、真鍋先生が「実際に地面に立っている高さにして、正面からこちらを見ているようなポーズがいいんじゃないか」と提案されました。四月初旬のプレス発表のときに北海道のむかわ町へ行って、初めて組み立てられた姿を見ることができたのですが、まさにそんな感じにできあがっていて驚きました。

骨だから目はないのですが、まるで「むかわ竜」と目が合ったような感じがして、ぞくっとするような迫力だったんです。

ゴビサポートジャパンの高橋さんは「まだ仮組みなので首の向きは自由になります。このままがいいか、お客さんを見下ろすような姿がいいか、どうしましょうか」といってくださったのですが、実物を見た途端、頭の中にあったステージアップする案は完全に消し飛び、「このまま、見つめ合う感じでいこう」とみんなの意見が一致しました。

海外からお借りする標本は、梱包を解くまで見ることができないし、普通は設営が始まるまでいただいたデータを参考に考えるしかないのですが、むかわ町まで行って大きさを体感できたのは、展示を考える上での強みになりました。遠くから眺めて意外さを知るデイノケイルスの展示に対して、さわれそうな距離で見つめ合う「むかわ竜」の展示。違う見せ方ができるのも、結果的によかったと思います。

実物化石を並べた展示のほうは、北海道大学の小林快次先生が、並べた化石の隣に横たわった報道写真をご覧になった方もいらっしゃると思いますが、ああいう形での展示です。企画会議で展示の仕方を話し合っているとき、「その展示をご覧になったら、小林先生と同じように『むかわ竜』と写真が撮りたくなるんじゃないか」という話になったんです。

小林先生が横に並んだのは大きさを示すためですが、あんなふうに一緒に写真が撮れたら、いい記念になりますよね。ただし、ただでさえ混雑が予想されているのに、みなさんが横たわって写真を撮り始めたら大渋滞になるのは必至です。

小林先生と「むかわ竜」の全身骨格化石（提供：朝日新聞社）

例えば、化石の上に鏡を貼って、恐竜と一緒に写真を撮れるような工夫をしたらどうだろうという意見も出たのですが、八メートルの「むかわ竜」がすっぽり収まるくらい大きな鏡が手配できるのかというのと、普段使っているような普通の鏡ならきれいに映りますが、鏡のような素材を上から吊った場合、重さでたわみ、映った像がゆがむ可能性が高いです。

どのくらいゆがむかは実際にやってみないとわかりませんが、撮る気にならないぐらいゆがんでしまったら、意味がないですよね。結構ハードルの高いチャレンジになるので、どうするかはまだ考え中です。

日本の恐竜研究を変えた化石

「むかわ竜」の発見は、日本の恐竜研究にとって大きな意味があります。真鍋先生からの受け売りですが、恐竜時代の日本はアジア大陸の海岸線みたいなところだったので、海に流された恐竜の死骸はあるかもしれないけれど、流されてバラバラになったりしていて、よい化石は出てこないというのが常識だったそうですね。

でも、「むかわ竜」のように、バラバラにならずにいい状態で丸ごと化石になった恐竜がいた。しかも、それが新種の化石です。今後も、今までみんなが当てにしていなかった海の地層から次々出てくるかもしれない。日本の恐竜研究の新しい可能性を教えてくれる重要性がありますよね。

また、アンモナイトやプランクトンなどの示準化石（時代を示す化石）と一緒に見つかることで、かなり正確に生きていた時代がわかるのだそうです。示準化石は、海で世界中とつながることのできた海生生物であることが多いのです。

海の地層で見つかった「むかわ竜」は、そういう意味でも注目に値する化石です。「むかわ竜」は陸上で生きていた恐竜ですが、展示コーナーは海の地層から見つかったことを強調するために、モササウルス類や首長竜も一緒に展示することになりました。

絶滅の境界を歩いて渡る

じっくり展示を見ていくと、だんだん疲れてきて、最後のほうは早足で回られる方もいらっしゃいますが、「第五章　絶滅の境界を歩いて渡る」のコーナーでも盛り上がっていただけるように、ちょっとした工夫をしています。

これは、真鍋先生のアイデアですが、コーナーの最後にトンネルの入り口のようなゲートを作ることにしました。ゲートの上には隕石衝突の映像を流し、恐竜時代の終焉を表しています。ゲートの手前にいるティラノサウルスは先に進むことができずに立ち往生していますが、来場者のみなさんはここをくぐって、その先の未来に進むことができます。鳥に進化していくものを除いて、恐竜たちはこの先の時代に進むことはできなかったということを、暗に象徴しました。

いつもは主役を張るティラノサウルスも、今回は脇役です。ゲートの先には、その後の

先に進めないティラノサウルス。隕石衝突の映像の下は通路になっている

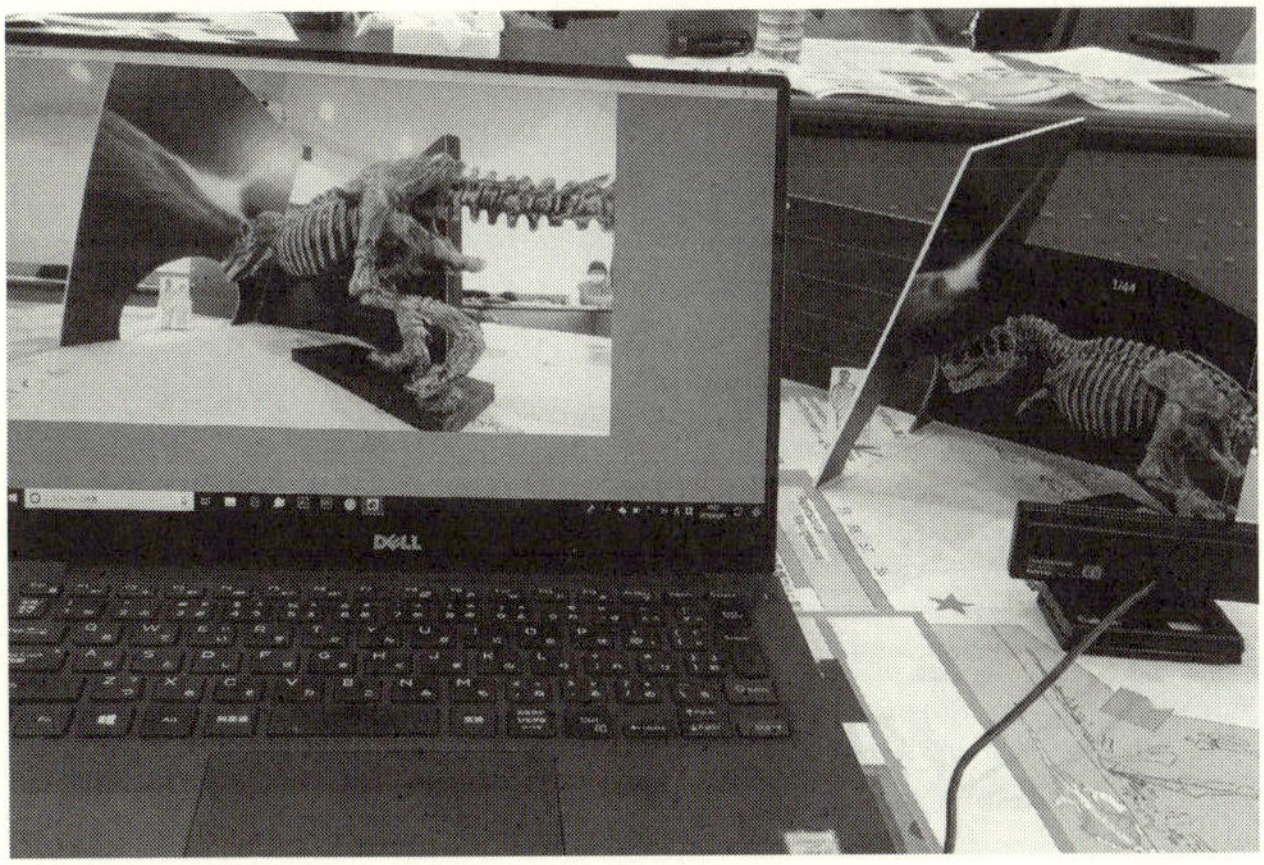

モニターで見たティラノサウルス

世界で生き残った動物を展示する予定です。

ここもCCDカメラを使って「こういうふうに通り抜けていく感じになります」とシミュレーションしましたが、実際の会場でここを通り抜けた方がその意図に気づいてくださるかどうか。くぐり抜けるくらいの穴にすればわかりやすいのですが、大勢の方が通れるようにしないと、なかなか先に進めなくて、大渋滞になるかもしれませんから、ある程度の大きさは必要です。もしかすると、「ただの通路」としか思っていただけないかもしれませんが……。

隕石衝突の映像は、NHKで制作されたものを使わせていただけるので、隕石衝突の迫力がうまく出せたらと思っています。

搬入・搬出のスケジュールも重要事項

本来そこまでするのはデザイナーの仕事ではないと思いますが、どの段取りで恐竜を組み上げて、会場をどう設営していくか、搬入・搬出などのスケジュールを考えるのも重要な仕事です。恐竜を組み立てたあとでなければ壁を立てられなかったりするので、どの位置に展示する恐竜から最初に組み立てていく予定なのか、お互いに情報共有しておかないと、大変なことになります。

例えば、展示ステージの上に全身骨格を乗せるなら、先に床を作っておかないと組み立て作業に入ることができません。標本の輸送に使った木箱も結構場所をとるので、一度に会場に入れてしまうわけにはいきません。美術輸送の会社に、何月何日どの標本を何時に持ってきてもらうか、というスケジュール表を渡しておく必要があります。

小さなものはあとでいいのですが、かといって、一番大きなものから入れるとは限りません。木箱の数が多いものから運んでもらって早く中身を出しておいたほうがいいとか、こっちの壁を先に作らないと困るので、ここの恐竜を先に組み立ててくださいとか、調整するのはなかなか難しいのです。

また、展示会場にはバイパスも必要です。バイパスというのは、気分が悪くなった方を会場の外にお連れするための近道だったり、本当に混雑してしまったときに順路を変えることのできる可動式の壁などです。

「恐竜博２０１６」のときは、ある一箇所の壁を開けると、順路を飛ばしてショートカットできるようにしました。この壁が閉まっているときは順路に沿って回っていきますが、混雑時には開けて、自由動線を作るのです。あえて自由に行き来できるようにすることで、滞留を防ぐことができます。

展示会場の設営が済んで展覧会が始まってからも、まだ終わりではありません。そこから大きなものを作るのは難しいのですが、会期中に手直しすることはよくあります。

例えば、展示ケースの中の照明が少し足りないからもっとライトアップしようとか、壁面が少し寂しいからグラフィックを追加しようとか、来場者のみなさんの様子を見ながら混雑緩和のためのパーテーションを作ることもあります。また、「何分待ち」という札や「何万人達成」の看板も作ります。

みなさんの反応が知りたくて、展覧会を見に行くこともよくあります。思った通りの人気だなとか、少し地味かと思ったけれど反応は上々だったなとか、人が溜まりそうだなと思っていたところに「やっぱり溜まってる！」とか。

展覧会が終わったあとの搬出作業のスケジュールも、搬入のときに一緒に考えておきます。設営と違って時間的には早く終わりますが、慎重に運び出さなければならない貴重な標本が最初とか、壁や床などのバラシ（片付け）は最後でいいとか、いろいろ段取りがあります。展示物の搬出に四日ほど、造作のバラシで四日ぐらいという感じでしょうか。

この仕事をしていると、専門家のみなさんに直接レクチャーしてもらえたり、普通だったら見られない角度で展示物が見られたり、わくわくするような出会いがあります。

そして、なんといっても「こういうふうに喜んでもらおう」「驚いてもらおう」と考えて工夫したことが成功したとき、伝えたかった思いを受け取っていただけた瞬間に、すごくやりがいを感じます。

小南雄一（こみなみ・ゆういち）
東京スタデオ デザイン室次長。「恐竜博2019」では、デザイン・施工を統括。御茶の水美術専門学校卒業。1985年、株式会社東京スタデオ入社。国立科学博物館「チョコレート展」「ワイン展」「哺乳類展」などに携わる。

須田有希子（すだ・ゆきこ）
東京スタデオ デザイン室勤務。「恐竜博2019」では、デザインを担当。日本大学藝術学部卒業後、ICSカレッジオブアーツ専門学校を修了。過去の展示デザインに「怖い絵展」「タータン展」「不思議の国のアリス展」「マイセン動物園展」などがある。

第五章

研究と展示の未来

予備知識があるともっと楽しい

これはすごい、面白い。次の恐竜博ではぜひこれを紹介しよう。そう思いながら「恐竜博２０１９」の準備を進めてきました。第二章でもお話しした通り、最新研究をご紹介するための学術的な展覧会では、「骨の恐竜」がメインです。来てくださるみなさんに「実物の化石」をお見せしたくて、世界中の博物館や大学などの研究機関にお願いして、実物化石をお借りしています。レプリカの全身復元骨格も展示しますが、実物化石から型取りした標本ですから、見た目は実物と変わりません。

ずっと巨大な前あしと肩しか見つからなかったため、謎の恐竜だったデイノケイルスは、二〇一四年に論文が発表されて姿が明らかになった恐竜です。

また、「むかわ竜」の本格的な発掘が始まったのは二〇一三年、それが「国内で最も完全度の高い大型恐竜の全身骨格」だとわかったのが、二〇一七年です。

どちらも二〇一九年の今だからご紹介できる、最新の研究成果です。まだ誰も見たことがなかった全身復元骨格をこの展覧会の開催に合わせて組み上げていただき、いずれも

「世界初公開」と銘打つことができました。

「これが見たかったんだ」「これが気になっていたんだ」と思って足を運んでいただく、あるいは会場の雰囲気を楽しんでいただけるだけでもうれしいのですが、展示を見て「もっと恐竜のことを知りたくなった」「一時間ぐらいで出てくるつもりだったのに、気がついたら二時間も見ていた」などといっていただくことができたら、みんなで頑張ってきた甲斐があります。

お気づきでしょうか。来場してくださったみなさんにより楽しんでいただくために、「恐竜博２０１１」から、通常の展示パネルや音声ガイドのほか、「ここに注目」というミニパネルも掲示するようにしているんです。

例えば、ティラノサウルスの前あしの指が二本だというのは有名な話ですが、「実は甲のところの骨は三本あります。一本だけ鉛筆みたいに細くなり、先に指がついていないので二本指に見えますが、よく見ると三本指だということがわかります」という具合に、パッと見ただけでは見過ごしてしまうようなところを取り上げたパネルです。そういうトリビア的な紹介も入れていますので、より楽しんでいただけたらと思っています。

少し話が脱線しますが、こういう話題作りは結構大事だと思っています。というのも、これは科博の地球館地下一階の常設展示での話なのですが、展示を見るときにちょっとした予備知識があるとすごく会話が弾むと、改めて感じる出来事がありました。

あれは金曜日か土曜日の、夜八時頃まで開館している日のことです。新聞社の方を展示室にご案内したのですが、取材後の遅い時間だったので子どもたちの姿はなく、何組かの大人の方たちが静かに展示をご覧になっていました。ところが、私たちが会話を始めた途端、聞いていた周りの人たちも俄然張り切りだして、展示室の雰囲気が一変したんです。あまり恐竜の知識がないと「わー、大きいね」「すごい歯だね」ぐらいで終わってしまって会話が続きませんが、どこが見どころなのか、何がすごいのか、少し予備知識があるとどんどん会話が盛り上がる。見方や面白さが変わってくるんです。

ということで、ここでもう少し、「恐竜博2019」でご紹介した恐竜研究の歴史と最新情報を振り返ってみることにしましょう。デイノニクスと「むかわ竜」については、第三章・第四章でもふれていますので、デイノケイルスについての補足と恐竜の生物学（抱卵行動）について、お話ししたいと思います。

デイノ＝「恐ろしい」＋ケイルス＝「手」の発見

デイノケイルスが最初に発見されたのは一九六五年七月のこと。発見したのは、ポーランド隊の隊長だった女性古生物学者のソフィア・キエラン＝ヤウオロスカ（1925―2015）です。一九六三年から一九七一年にかけてポーランドとモンゴルの共同調査隊が組織され、白亜紀後期の地層が広がるモンゴルのネメグト盆地に入っていました。

あいにくの雨の中でしたが、個々に化石を探して踏査していたヤウオロスカが、長さ三〇センチメートルにもなる指の末節骨など、前あしの化石を発見したのです。このとき発見されたのは、肩から指先までの前あしと肩甲骨だけでしたが、末節骨の先端が尖ったカギヅメ状であることから、獣脚類であることは明らかでした。

そのちょうど十年前、一九五五年に実施されたソビエト隊のモンゴル古生物学的調査によって、白亜紀後期のモンゴルの大型獣脚類であるタルボサウルスの化石などが報告されていました。しかし、前あしが短いタルボサウルスとは対照的に大きな指先と長い前あしから、新種の獣脚類であることは間違いないのです。肩から指先の長さは二・四メートル、獣脚類の中で最も長い前あしという記録は、今も破られていません。

一九七〇年になって、ヤウオロスカと同じくポーランドの女性古生物学者のハルシュカ・オスモルスカ（1930―2008）が、この前あしを新属新種デイノケイルス・ミリフィクスと名づけました。デイノ＝「恐ろしい」＋ケイルス＝「手」、ミリフィクス＝

「変わった」を意味する学名です。オスモルスカはデイノケイルスを命名したことで、恐竜の命名をした最初の女性研究者としても名を残すことになりました。

その後、オスモルスカはガリミムス、フルサンペス（ドロマエオサウルス類）、ボロゴヴィア、トチスルス（トロオドン類）などを命名、記載していき、小型から中型のマニラプトラ類の専門家として知られるようになりました。ちなみに、デイノケイルスの第一発見者だったヤウオロスカはその後、哺乳類の初期進化研究の第一人者になっていきました。

獣脚類恐竜として最長の前あしを持つことから、オスモルスカはデイノケイルス・ミリフィクスという新属新種と一緒に、デイノケイルス科という新しい科も提唱しています。デイノケイルス科に分類されるのは、デイノケイルスだけでした。すぐに前あし以外の部分も発見されるだろうと思われていましたが、ポーランド隊のモンゴル調査は終了してしまい、その後、デイノケイルスの追加標本は報告されませんでした。

デイノケイルスは三本指ですが、前あしの甲の部分の中手骨という骨を見てみると、三本がほぼ同じ長さをしています。これはオルニトミムス類に見られる特徴であることから、デイノケイルスはオルニトミムス類、もしくはオルニトミムス類に近縁なのではないかと考えられてきました。

オルニトミムスとは、オルニト＝「鳥」＋ミムス＝「もどき」という意味で、オルニトミ

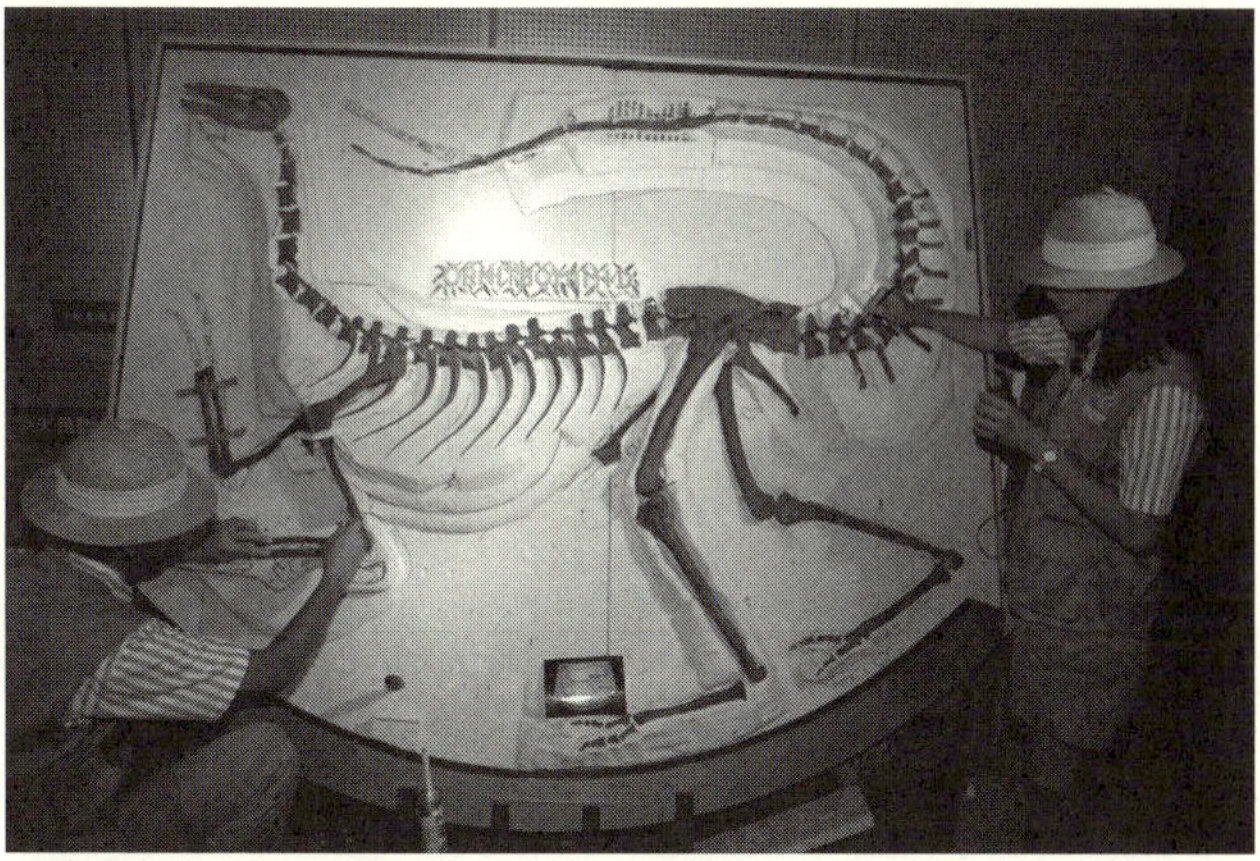

オルニトミムスの化石模型（提供：朝日新聞社）

ムスの仲間は後ろあしが長く、足が速そうな獣脚類恐竜です。顎には歯がないことからも、ダチョウのような飛ばなくなった鳥類のような概形をした恐竜です。首はダチョウのように長いのですが、尾も長いところは鳥類とは大きく異なっています。

「恐ろしい手」の正体

その後、二〇〇六年になって、ゴビ砂漠の調査研究に韓国が参加するようになりました。ゴビ砂漠で韓国が発掘した実物化石を韓国で展示する、そのための博物館を作りたいという願いのもと、ソウル大学のイ・ユンナムさんを代表研究者としてスタートしたプロジェクトです。韓国、モンゴルの研究者に加えて、北海道大学の小林快次先生や、カナダ・アルバータ大学のフィル・J・カリーさんらも参加して、国際プロジェクトになりました。

ゴビ砂漠のような砂漠地帯は、地層の表面を土壌や植物が覆わないことから、化石を探しやすく、たくさんの化石が発見されます。さらに、土壌や植物がないことから、風化浸食によって少しずつ地層が削られていきます。それは、あたかも自然が発掘してくれるようなもの。同じ場所でも一年後に行ってみると、自然が地層の表面を削ってくれて、新しい化石が顔を出していることがあるのです。

古生物学者には理想的な場所ですが、実は大きな悩みがあります。というのも、国土が広くて人口が少ないので、化石が無許可で採集されたり、発掘されたりすることが数多く行われてしまっているのです。平たくいえば、化石の「盗掘」です。そのまま海外に輸送され、海外で販売される、ということも起こっています。

そういうことを背景に、二〇〇九年八月一六日、ブギンツァフという白亜紀後期のタルボサウルスなどが発見される地域で、イさんたちは盗掘団が途中で発掘を放棄した、大型獣脚類の化石の残骸を見つけました。盗掘団は「商品」になりやすい頭骨や前肢、後肢などを発掘したところで時間切れになり、立ち去ったようなのです。現場に残されたモンゴル紙幣が二〇〇二年発行のものだったことから推測すると、盗掘は二〇〇二年以降に行われたようでした。

最初はタルボサウルス、テリジノサウルスの可能性も考えられたのですが、発掘が進み、イさんは肩の部分の肩甲骨と烏口骨を発見します。これを見て、イさんはこの化石が「謎の恐竜・デイノケイルス」のものだと直感しました。イさんは後日「二〇〇九年八月一九日午後三時三〇分は私の人生の中で最も重要な瞬間」と振り返っていらっしゃいます。

発掘は九月五日まで続けられ、発掘された標本は三八個の石膏ジャケットと数個の木箱に入れられ、ウランバートルに輸送されました。二〇一〇年五月にこれらの標本はクリーニングと研究のために韓国の華城市に運ばれ、その後、三年間のクリーニング作業を経て、謎の恐竜の全貌がようやく明らかになったのです。

デイノケイルスの胴椎《どうつい》の棘突起は上方に長く伸びていて、背中には帆があるようでした。さらにイさんは、デイノケイルスの大腿骨の骨頭に、ほかの獣脚類には見られない形質があることに気がつきました。骨頭は骨盤の寛骨臼《かんこつきゅう》という穴にはまりこむ部分で、通常はボール状にほぼ球形をしているのですが、前側に小さなふくらみ、後ろ側に小さな板状の突起があったのです。

これまでに報告されていない特徴がある、これはデイノケイルスを定義する上で重要な発見です。と同時に、二〇〇六年にアルタンウルという場所で発掘されて、すぐに分類できずに収蔵庫にしまわれていた化石のことを思い出しました。

この化石にも背中に帆のような突起があり、大腿骨にはデイノケイルスと同じような骨頭の特徴がありました。そうなのです。イさんたちは、二〇〇六年にすでにデイノケイルスを発見していました。ただ、デイノケイルスが想定外の特徴を持った恐竜だったために、デイノケイルスと気づくことができなかったのでした。

その後、イさんたちは、クリーニング作業を行い、研究をしていた段階で、盗掘された頭骨や前肢、後肢がヨーロッパの化石業者のもとにあるらしいことを知りました。

実際にその化石を見ると、二〇〇九年八月にブギンツァフで発見されたときになくなっていた部分が、ヨーロッパにありました。イさんは、その頭骨が予想していた形と大きさとあまりに違うことに衝撃を受けたそうです。というのも、体の大きさに比べて小さく、獰猛な肉食恐竜とは似ても似つかない、草食のハドロサウルス類のような形をしていたからです。イさんたちはその化石業者に、重要な化石なのでモンゴルに返還するように説得を続け、モンゴルにすべての化石が返還されたのは二〇一三年五月のことでした。

一九六五年にポーランド隊が発見した前あし、二〇〇六年、そして二〇〇九年に発見された三個体を総合することによって、謎の恐竜デイノケイルスの全身像が明らかになり、二〇一四年十月に、デイノケイルスの全身骨格の発見とその特徴が記載された論文がネイチャー誌に掲載され、世界中の人々に知られることになります。

この研究をもとに全身骨格が組み立てられ、「恐竜博２０１９」で世界初のお目見えとなったのです。

卵の化石

第一章で高橋さんも話していらっしゃいましたが、モンゴルのゴビ砂漠は恐竜化石の宝庫のような場所です。最も有名なのは、タルボサウルスやオヴィラプトル類などが発見される白亜紀後期の地層ですが、白亜紀前期の地層からも数多くの恐竜化石が発見されています。また、恐竜以外の爬虫類も数多く発見されているのです。

ゴビ砂漠の恐竜を最初に有名にしたのは、アメリカ自然史博物館のロイ・チャップマン・アンドリュース（1884―1960）でした。アメリカ自然史博物館の館長になった人ですが、映画「インディ・ジョーンズ」のモデルと称されることのほうが有名かもしれません。一九一六年から中国の雲南省などで調査を実施し、一九二二年からモンゴルのゴビ砂漠への調査隊を率いました。実は、当時は人類の起源がアジアだという説があり、アンドリュースは人類の起源を探しにモンゴルに向かったのでした。

日本では、四月一七日が「恐竜の日」とされているのをご存じでしょうか？　その根拠は、アンドリュースが一九二三年四月一七日にモンゴルを目指して、北京を出発したからだそうです。

アンドリュース隊は人類の化石は発見できませんでしたが、恐竜の化石を大発見することになります。一九二三年六月一三日に、卵の化石を発見したのです。これは世界で初めて恐竜の卵と同定されたものとされ、恐竜が殻のある卵から生まれることを明らかにしたように説明されることもあります。

ゴビ砂漠で発見された卵の化石は、ニワトリの卵に比べると細長い形をしています。ゴビ砂漠からはこのような卵の化石がたくさん見つかることから、個体数の多い恐竜の卵ではないかと想像されました。肉食恐竜は食物連鎖の頂点にいるため個体数が少ないので、卵は草食恐竜のものだろうと推測され、角竜プロトケラトプスの卵の可能性が高いと考えられるようになりました。

アンドリュース隊は、卵の化石の近くで化石になっていた獣脚類恐竜の化石も発見します。彼らは恐竜の化石をニューヨークに持ち帰り、一九二四年にこの獣脚類に、卵ドロボウを意味する、オヴィラプトルと名づけました。獣脚類恐竜は長い顎に、ナイフのような歯をたくさん生やしているイメージがありますが、オヴィラプトルは顎が短く、その顎には歯が生えていません。短くがっしりした顎は、硬いものを咬み砕くのに適しているように見えます。オヴィラプトルの顎は、卵の殻を割るのに適していると考えれば、両者が一緒に化石として見つかったこと、オヴィラプトルの歯のない顎をうまく説明することができます。

草食恐竜の卵化石と、それを餌にする肉食恐竜はアメリカ自然史博物館で公開され、アンドリュースは来館者に寄付を募って、ゴビ砂漠へ調査に戻る資金にしました。

モンゴルの政情の変化、第二次世界大戦が近くなってきて、アンドリュースのモンゴル調査も一九二八年が最後となりました。

恐竜生物学の深まり

アンドリュース以来、「西側」の研究者がモンゴルに最初に戻ったのは、アンドリュースの遺志を継いだ、アメリカ自然史博物館のチームでした。一九九一年のその記念すべき調査隊は、アメリカ自然史博物館のマルコム・C・マッケンナ（1930―2008）らが率いたものです。彼らは、それまでプロトケラトプスのものだとされていた卵化石の中からオヴィラプトル類の胚を発見し、一九九四年に、アンドリュース隊が報告した「世界初の恐竜の卵化石」の正体を明らかにしました。

また、卵ドロボウとされていたオヴィラプトル類が、自分の卵を抱卵している状態の化石（愛称「ビッグママ」）で発見されたことを一九九五年に報告しました。なお、二〇〇一年に、抱卵状態のオヴィラプトル類はシチパチという新属新種に分類されています。

恐竜の性別を、化石で特定できないか。これは、長年にわたって多くの研究者が試みてきた課題です。鳥類の尾羽のように、体の一部の形や大きさに雌雄の違いが出ることが多いので、そのような差異を手がかりに化石からオスとメスを特定しようとする説がいくつも提案されてきました。

しかし、その違いが性差を表しているのかどうかはわかりません。年齢による成長の違いや、個体差による違いである可能性も捨てきれないので、「ここを見れば、ここを比べれば、性別が判定できる」というような指標が確立されていないのです。

鳥類は産卵の際、卵殻形成に必要となるカルシウムを貯蔵するために、大腿骨の内壁に骨髄骨という組織を形成します。骨髄骨が化石になることで、化石でも産卵期のメスなら特定できるようになりました。骨髄骨がない場合は、それは産卵期ではないメスの可能性もあるのでオスを特定する方法はありませんが、産卵期のメスを特定できることは大きな前進でした。

抱卵しているシチパチは、自分の産んだ卵を抱卵していると想定されていたのですが、抱卵している個体には骨髄骨が確認されませんでした。つまり、直近に産卵した個体ではないこと、自分の卵を抱いていなかったことは明らかです。

現在の鳥類を見ていると、オスのほうの体が大きく、大きな巣を作る種では、オスが抱卵をしていることが知られています。ペンギンのオスの抱卵などは広く知られている現象ではないでしょうか。そこで、二〇〇八年に、「ビッグママ」は「ビッグパパ」の可能性が高かったことが報告されました。

一九九五年のシチパチの抱卵、二〇〇八年の抱卵していたのはオスかもしれないという発表は、恐竜と鳥類のつながりを印象づける、恐竜の生物学的な側面です。卵の上に座って、卵を守りながら、自分の体温を使って温める。現生の鳥と同じ行動を、恐竜の時代から行っていたのだということがわかる発見でした。

恐竜の抱卵を研究している筑波大学の田中康平《たなかこうへい》さんが二〇一八年に発表したのですが、大きな恐竜の巣には、卵がドーナツ状に並んでいて真ん中に空間があるものがあるのです。大きな恐竜が卵の上に座ってしまうと自重で卵をつぶしてしまうので、自分の周りにドーナツ状に卵を置くようにして、その真ん中に座ったのではないかということでした。

私はそれを聞いて、鳥へと進化しなかった恐竜たちが翼を持っているのは、抱卵のためもあったのではないかと気がつきました。巣の真ん中に座って翼を広げ、卵を覆って温めていた姿が思い浮かんだのです。デイノケイルスの大きな前あしというのも、そのために必要な大きな翼だったとしたら……。デイノケイルスそのものが、巣の中で卵を温めていたという証拠はないのですが、ゴビ砂漠で卵がたくさん見つかること、ドーナツ状の巣が見つかることを考えると、ありそうな気もするのです。

翼は、求愛行動やコミュニケーションに使ったのではないかということも想定されますし、そんなふうに考えていくと、「絶対飛べないだろう」と思える大型の恐竜にも羽毛が生えている、あるいは、翼があったりする一つの説明になるのではないかと思いめぐらしています。

また、昔は恐竜の足跡の歩幅から恐竜の走る速度が推定されていましたが、最近はコンピュータ・シミュレーションを使って骨格構造から推定することも行われるようになってきています。恐竜の生き物としての痕跡は、実際には化石だったり、卵であったり、巣であったり、足跡であったりするわけですが、そういう痕跡を読み解くことによって、恐竜の抱卵行動や走る速度など、どんどん研究が広がっていっています。恐竜の生物学、暮らしや動きなども、今後もっと紹介していきたいと思っています。

次の恐竜展はもう始まっている

「恐竜博2016」の目玉展示は、スピノサウルスでした。二足歩行だと思われていたスピノサウルスが、実は四足歩行をしていて、しかも水中生活をしていたのではないかという最新学説のご紹介です。これも意外な発見でした。新しい化石が出て、さまざまな発見が積み重ねられていくと、人類が一歩一歩真実に近づいているのだなという気がします。

恐竜研究が始まった十九世紀からずっと、世界中の人がああでもないこうでもないといろいろな化石を読み解き、そういう研究の積み重ねがあって、私たちがいるということを感じられるのも、恐竜研究の面白いところだなあと思っています。

次の「恐竜博２０２X」では、二〇二X年だからこそ紹介できる最新研究をお伝えしたいと思っていますし、すでに動き出しています。

企画展示の最後のエピローグは、次回の展覧会につなげるための橋渡し的なメッセージを持っていることがあります。「今後の研究では、こんなことがもっと面白くなっていきますよ」というメッセージをお伝えし、展示に連続性を持たせるとともに、関心を深めていただきたいと思っているからです。今、私自身、期待しているのが、恐竜の鳴き声に関する研究です。

「恐竜博２０１６」では、パラサウロロフスを例に、恐竜の鳴き声に関する展示を行いました。声帯のような軟組織が化石で残ることはほぼありませんから、恐竜の鳴き声を復元することは、本来とても難しいのです。ただ、パラサウロロフスの場合は頭部の細長い突起の中が空洞なので、勢いよく鼻から息を吐けば、管楽器を吹くのと同じように音が出たのではないかという仮説は成り立ちます。

ＣＴスキャンで頭部を撮影して、外鼻孔から内鼻孔につながる鼻道の太さと長さ、形を

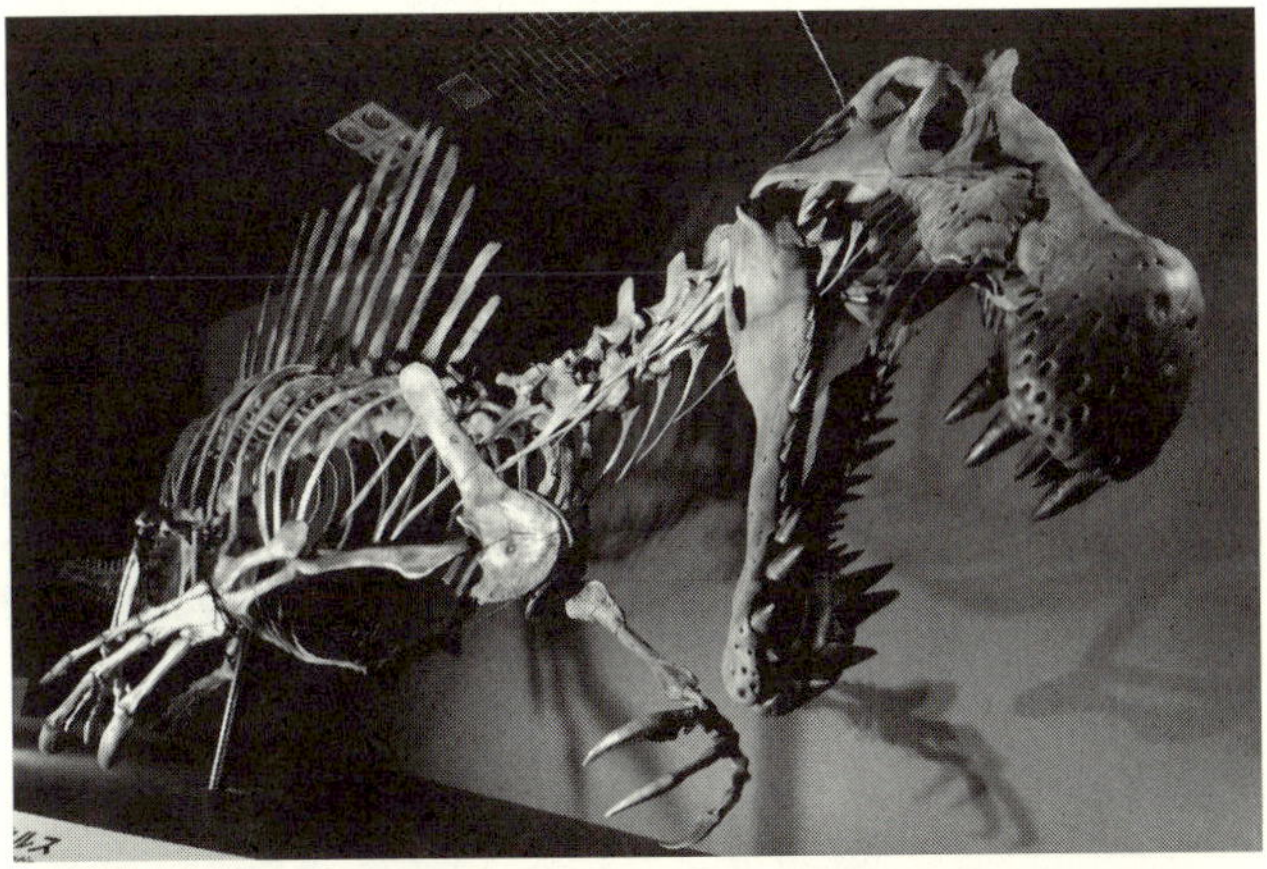

「恐竜博2016」で披露されたスピノサウルスの復元骨格（提供：朝日新聞社）

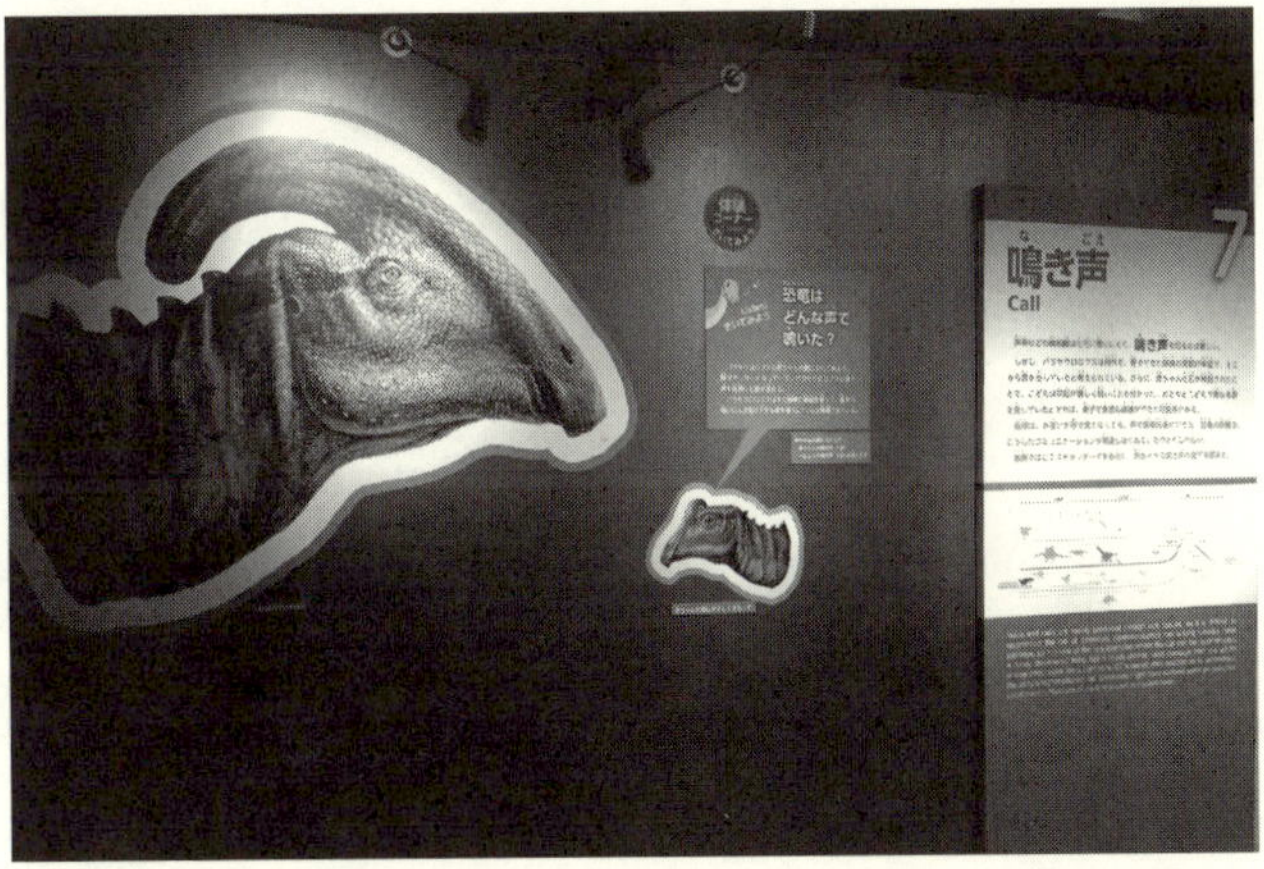

「恐竜博2016」で展示されたパラサウロロフスの鳴き声（提供：真鍋真）

計測してみると、空気が通る管の太さと長さと形は、ルネサンス期の木管楽器のクルムホルンに似ていることがわかりました。さらに、この鼻道の形で実際に楽器を作って吹いてみると、遠くまで聞こえるチューバのような低周波だということがわかったのです。この音で、離れた距離にいる仲間ともコミュニケーションがとれたのではないかと考えられました。

「恐竜博２０１６」の展示では、新たにＣＴスキャンで生後一年未満の子どものパラサウロロフスの突起構造を調べてもらい、細くて短い鼻道から出たであろう音を、京都大学霊長類研究所で再現していただきました。すでに復元されていた大人の音と子どもの音を聴き比べながら、恐竜親子のコミュニケーションの様子を想像していただこうという趣向です。

「恐竜博２０１６」の開催時には、鳴き声がわかるのは骨に空洞が残るパラサウロロフスぐらいしか考えられませんでした。ところが、二〇一六年十月に、鳥類の「鳴管《めいかん》」（さえずる器官）が残る化石が南極圏で見つかったという研究論文が発表されました。軟骨でできた鳴管が、しかも約六六〇〇万年前の白亜紀後期のものが化石となって残っているなんて、大発見です。この鳴管の持ち主はヴェガヴィスとして知られる鳥類で、ガチョウに似た鳴き声だった可能性が高いとされています。

南極大陸は、場所によってそれぞれ管理する国が決まっていて、この化石が見つかった南極半島付近はアルゼンチンの区域でした。ぜひ「恐竜博２０１９」の展示で実物化石をご紹介したいとお願いしたところ、はるばるアルゼンチンからハンドキャリーで届けてくださることになりました。

来日の目的はもう一つあって、兵庫県にある理化学研究所の大型放射光施設「SPring-8」で、ＣＴより強力なシンクロトロンというX線を照射できる世界最高性能の装置を使ってヴェガヴィスを撮影し、鳴管の構造をさらに解析する予定です。「恐竜博２０２Ｘ」の展示の際、その結果がご紹介できれば、と思っています。

もちろん、それが次回の展覧会の開催時に、本当に実現しているかはわかりません。研究は試行錯誤の繰り返しです。

ヴェガヴィスの例でいえば、エピローグでお伝えする「今、こういうモデルが想定されています」「今、これに取り組んでいます」ということ自体は事実ですが、その後、ＣＴスキャンにかけたり、シミュレーションしてみたら全然違っていた、想像していたような構造ではなかった、みたいなことはいくらでもあります。それも含めて楽しんでいただけたらいいなと思います。できれば希望通りの結果が出て、次の恐竜展で紹介できる魅力的な研究成果が出てくれるといいなと、わくわくしながら見守っているところです。

二〇〇九年頃までは、「恐竜の色なんか絶対にわかりません」と、私だけではなく多くの人がいっていましたが、今は化石の状態さえよければ、色も、鳴き声もわかるかもしれないという時代になってきました。今後こういう研究がもっと進んでくると、恐竜が生き物として理解される日がくるかもしれないと楽しみにしています。

最新恐竜情報、「隕石衝突直後」の発見

「真鍋先生は今、何を研究されているのですか？」という質問もよくいただくのですが、私が今、一番時間を割いているのは大量絶滅かもしれません。

現在は「隕石衝突説」で落ち着いていますが、メキシコのユカタン半島でその根拠となる巨大クレーターが見つかるまでは、恐竜は隕石衝突の影響で絶滅したのか、それとも別の要因だったのかが侃々諤々《かんかんがくがく》議論されていました。

では、大量絶滅の主因は隕石説でいいとして、隕石説に反論する根拠の一つ、「隕石衝突前から恐竜の多様性が下がっていた」ことを、どう説明したらいいのでしょうか。

恐竜は、隕石が衝突するまで何も変わらずに繁栄していたわけではありません。途中で

多様性が下がるときがあるんです。それには、どういう意味があるのか。「隕石衝突説」に落ち着いたことで、今は大量絶滅以前の恐竜の栄枯盛衰にも研究者の目が向けられるようになりました。

北アメリカでは多様性が少し下がることがあるが、アジアではどうなのか、南半球ではどうなのか。そんなふうに、みんなの視線が広がってきたんですね。こうした研究の動きの中で、隕石衝突前後の微妙な変化にも注目が集まるようになってきました。

「恐竜博２０１９」の展示も、この変化をテーマにしています。わかりやすいところでは、隕石が衝突して一番大きな爬虫類だった恐竜はいなくなりました。少ない食量でやり過ごすことができたので、ワニとかカメとかトカゲなどは絶滅せずにすみました。ここまではいいですよね。だから、白亜紀と同じ種のカメが衝突後の地層からも確認できます。また、大きさもほとんど変わりません。大きさに変化がないのは、ワニも同様です。

ところが、哺乳類は隕石衝突前は小さいのですが、恐竜たちがいなくなった衝突以降、急に大きくなるんです。衝突前は恐竜たちのせいで、なかなか大きくなれなかったの

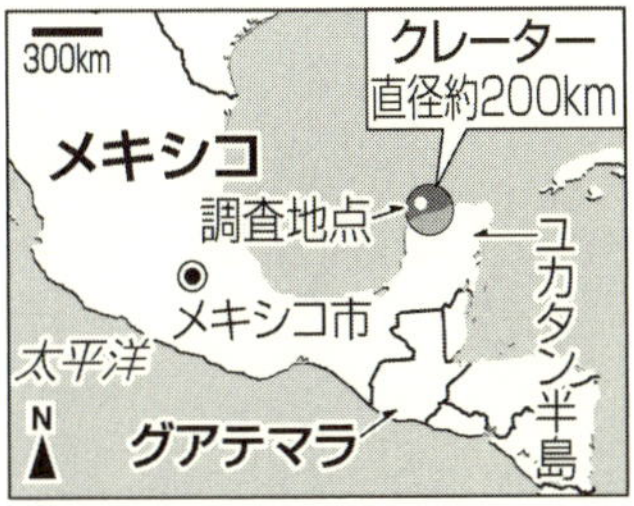

メキシコ・ユカタン半島のクレーター
（提供：共同通信イメージズ）

ではないかと考えられています。今は哺乳類がメインプレイヤーですが、その始まりは、隕石衝突後まもなく起こっていたらしいのです。

変化がいつどのくらい早く始まったのかということも、ようやくいい化石が見つかるようになり、わかるようになってきました。時間軸の精度が上がって、今まで見えなかったことが見えるようになってきました。

本当は、間に合ったら「恐竜博２０１９」の展示で紹介したかった最新研究があります。アメリカのチームが今、論文を書いているのですが、まだ完成していないので、今回はご紹介できませんでした。

衝突以前の哺乳類は恐竜に虐げられていた、つまり哺乳類は完全に恐竜の餌食でした。実際に、恐竜に食べ散らかされていたことがわかる化石もあります。それは今までもご紹介してきていますが、今度新しく見つかったのは、隕石衝突後に哺乳類がワニを食べ散らかしていることがわかる化石です。隕石衝突の前と後とで、主客逆転しているんですね。これは、驚きの発見です。

ただし、まだこの論文は出されていないので、今は公式の場でそこまではっきりいうことができません。衝突後の早い時期に哺乳類が大きくなって、哺乳類の時代になったということだけ、紹介することにしました。

そうした一連の動きの中で、これは私は直接関わっていない別のチームの研究ですが、二〇一九年四月、カナダとの国境に近いアメリカのノースダコタ州で、魚やアンモナイト、恐竜がぐちゃぐちゃになって死んでいる化石が新しく見つかった、という発表がありました。陸の生き物も海の生き物も、ごちゃまぜになっている化石産地です。そのため、最初は津波に巻き込まれたものたちではないかと考えられていました。

ところが魚のエラのところをよくよく調べると、隕石が衝突した際に粉々になり、大気圏まで巻き上げられた溶けた岩石、これをテクタイトというのですが、それらしきものが詰まって窒息死していたらしいことがわかりました。

大気圏まで巻き上げられたテクタイトは、ユカタン半島から三〇〇〇キロメートル離れたところにも降ってきます。それも、一時間未満の短い時間で降ってくると推定されます。もし津波が押し寄せたとしても、三〇〇〇キロメートル離れたところまで到達するのに、十時間以上はかかるとのこと。降り注いできたテクタイトの粒子による窒息死だったとしたら、ぐしゃぐしゃになっているのは本当の津波ではなく、地震のような揺れが遠くの水を動かす静振によって、海と陸の生物が混在するようになったと考えられるのだそうです。

隕石衝突はおよそ六六〇〇万年前の出来事なのに、この化石はその隕石衝突から一時間未満、おそらく四五分後ぐらいに起こったことを記録して埋もれていたのです。そんな現場が見つかりました、という論文です。これもまだ出たばかりの論文なので、これから反論が出てくるかもしれませんし、まだまだ検証が必要ですが、そんなこともわかってきました。

今までずっと、「隕石の衝突で大量絶滅が起こったのなら、屍が累々とした地層があるのではないか」といわれてきました。それに対して、「よほどの条件が整わないと化石になって残らないので、残念ながらそういう地層はないのです」と説明してきたのですが、衝突の一時間以内の屍が累々と横たわっている地層はあったのです。

私もノースダコタ州には何回も行っていますが、そのグループと一緒に仕事をしたことがなくて、その化石が見つかった産地には行ったことがありません。写真を見ると、その化石が見つかったのは、ものすごく切り立った崖の真ん中ぐらいです。なかなか簡単に行けないような場所だから、今まで見つからなかったのかもしれません。

とても重要な発見ですが、今はまだ発掘の最中。今回はご紹介できませんでしたが、いずれどこかでしっかりご紹介できたらと思っています。

恐竜の解明にはまだまだ時間がかかる

恐竜研究、古生物研究の世界では、今までの常識を覆すような発見が次々に報告されています。日々発見があるというのは、逆にいえばそれだけわかっていない、ということでもあります。

現在学名のついている恐竜は、約一一〇〇種類です。多いように思われるかもしれませんが、一一〇〇なんて数は全然少ない。現生の鳥だけで一万種、哺乳類だけで六〇〇〇種いるわけですから、三畳紀・ジュラ紀・白亜紀と、およそ一億六〇〇〇万年以上も繁栄した恐竜は、何十万種はいたはずです。

恐竜好きな子どもたちの中には「私が夢を叶えて恐竜学者になったときに、まだ調べることは残っていますか?」と心配して聞いてくる子がいるのですが、心配する必要はありません。人類が恐竜を理解するには、まだまだ長い時間がかかります。もしかしたらその子どもの孫かひ孫か、もっと先の子孫の時代になってもわかっていないかもしれません。安心して、恐竜の研究者を目指してほしいと思います。

話はもとに戻りますが、科博で開催する恐竜展は、できるだけその時点での最新、最先端の恐竜学の内容をご紹介できればと思っています。日々新しい情報が飛び込んできますし、現在発掘中だったり論文執筆中だったりするものもあります。掘り出された化石は、クリーニングされ、研究され、論文発表されて、そのときどきの恐竜展や博物館などで紹介されていきます。

私たちは「こういうところを面白いと思っていただきたい」「こういうところに注目してほしい」と思って展覧会を企画し構成しているわけですが、来てくださったみなさんは、どういうところを面白いと思ったり、感激してくださったりするのか。

展覧会に足を運んでくださった方の感想や、講演会に来てくださった方からご意見をいただいたりする中で、「こういうところは、みなさんによく届いているけれど、こういうところは、今回行き届かなかったかな」「もっとうまく解説しないといけないかな」「もっと手を替え品を替えて、やっていかなくちゃならないよね」ということを、私も学習します。そういう成果を踏まえて、次はもっとベターなものにできたらいいなと思っています。

第六章

常設展示室への誘い

いい標本こそ常設展示に

恐竜展などの特別展では、みなさんにお伝えしたいテーマに合った恐竜たちをトピックに沿って展示しているので、分類上のすべての種類が見られるわけではありません。そのかわり、ご存じの通り科博には、代表的な恐竜を網羅した常設展示室があります。

恐竜の基本的な知識が学べるように、【竜盤類】の「獣脚類」「竜脚類」と【鳥盤類】の「鳥脚類」「周飾頭類（角竜類・堅頭竜類）」「装盾類」の大きく二つ（小さく六つ）の分類群から少なくとも一種類の恐竜が展示されていますので、代表的な恐竜に会いたかったらぜひ地球館地下一階の常設展示室にも立ち寄っていただけたらと思っています。

ときどき「常設展示室は初心者向きの展示で、もっと重要な化石は収蔵庫にしまってあるんですよね」と聞かれることがあります。

いつでも見ることができる展示のため、そう思われるのかもしれませんが、展示してある全身骨格の半分が実物化石で、科博としてはベストなものを全部出しています。堅頭竜類のトリケラトプスの産状化石は世界一の実物標本ですし、竜脚類のアパトサウルスも全身のほとんどが実物化石です。パキケファロサウルスは全身の実物化石率が世界でも最良レベルの標本ですし、プレストスクス（恐竜以外の爬虫類）、鳥脚類のヒパクロサウルス、装盾類のスコロサウルスとステゴサウルスも実物化石が入った標本です。

科博の地球館は、一九九九年にオープンしました。二〇一五年にプチリニューアルしていますが、今の恐竜常設展示室の基本は一九九九年にできたものです。

恐竜展示室の新規オープンにあたって考えたのは、まず、限られた五〇〇平方メートル未満のスペースに、どんな標本をどれだけ入れられるかということです。恐竜は一つひとつが大きいので、あれもこれもというわけにはいきませんが、できるだけいい標本で、かつ各分類の代表的な恐竜は少なくとも一体はほしいところです。

見ていただくための展示室ですから、見た目の美しさも必要ですし、解説されるべきことはきちんと解説されていて、わかりやすくする必要があります。狭いながらも、安全かつ標本が美しく生かされている空間を作りたいと考えていました。

また、実物化石を含むいい標本は収蔵庫にしまい込むのではなく、いつでも見ることができる展示室に出しておきたいということ。これも目標でした。というのも、私は大学院生のとき、アメリカやイギリスの大学院で恐竜など中生代爬虫類の研究をしていたのですが、調べたいと思った化石が収蔵庫の奥にしまわれていると、サイズを計測するにも写真を撮るにも、すごく大変だったのです。

化石は、骨といっても実際は中身が鉱物と入れ替わった岩石ですから、非常に重くて一人では動かせないものが多々あります。何人かで一緒に行ったり、訪問先の方に手伝ってもらったりしていましたが、しまい込むとなかなか活用は難しい。大きな標本ほど収蔵庫の奥のほうにしまわれがちなので、見えるところに展示してあるほうが研究しやすく、研究者にとってもありがたいのです。

ただ、日本は地震国ですから、安全対策上、万一にでも標本が落ちてしまわないようにがっちりフレームを組まなければなりません。でも、大事な標本にはできるだけ傷はつけたくない。ビス止めの穴が開いてしまうのは、避けたいところです。そこが解決できるのなら、できるだけ実物化石を展示したいと思っていました。

現在展示されている標本は、もともと科博にあったものではなく、地球館を作るときに購入したものです。本当は自分で発掘したものが展示できればベストですが、恐竜はなかなかそういうわけにはいきません。

第一章でもお話ししたように、海外の標本業者さんに依頼して、こういうふうに展示したいというさまざまな要望をお伝えし、組立用のフレームを作っていただきました。それはポーズだったり、見せる方向だったりもするわけですが、さらにプラスアルファとして、展示した実物化石を必要なときに取り外すことができないだろうか、という希望もお伝えしました。

ビス止めせずに組み立てられて、必要なときに取り外しができ、さらに安全対策も万全。ポーズもかっこよく、この角度で見せたい等々、無茶な注文のオンパレードですが、いろいろ考えてくださって、今の展示ができました。しっかりはさせつつも、それほどゴツいフレームではないので、見る分にも邪魔にならず、よく頑張ってくださったと思います。

発見のチャンスはまだまだ

研究され尽くしたような古い標本でも、新しい着眼点から見ることによって別の何かを発見することが多々あります。

例えば一般の方でも新しいこと、不思議なことに気がつくチャンスは必ずあると思います。いきなり学術的なことである必要はありません。「あれ、これはなんでだろう？　面白いな」と気がつくことが大事です。だから私は、ただ解説するだけではなく、ものの見方をご紹介したいと思っていました。

そこで、海外の第一線の恐竜研究者に、「私はこんなところに注目して、こんなふうに調べたら、こんな面白いことがわかりました」という研究のプロセスを、それぞれの恐竜で語っていただく映像コンテンツを作ることにしました。

「この恐竜にはそういう重要な点があるんだな」ということを知っていただく目的もありますが、何よりもその研究の着眼点をお伝えしたかったからです。

「なぜ、後ろあしがこんな形になっているんだろう」「なぜ、この恐竜は尻尾が短いんだろう」、そういう素朴な疑問こそ研究の出発点だからです。「なぜ、デイノニクスの前あしは……」という疑問から出発して恐竜研究史に残る偉大な発見をされたオストロム先生にも、ご出演いただいています。

結果だけを見ると、「有名な恐竜学者の人はやっぱり見るところが違うね」「すごいことを明らかにしたね」と思いがちですが、素朴な疑問だったり、ふと気がついたことだったり、さほど重要そうではないようなところをきちんと調べることによって、こういう面白いことがわかるということを知っていただけたら、恐竜の見方も変わってくるのではないかと期待しています。

もちろん、そんな体験はなかなかできないことですが、大したことではないようでも、気がついて調べていくと、大発見や重要な発見につながるかもしれません。だから展示している恐竜すべてについて、できるだけ素朴な疑問や、何気なく気がついた、みたいなことを語っていただきました。

小さな気づきが大きな発見につながった身近な例に、名古屋大学博物館の藤原慎一《ふじわらしんいち》さんの研究があります。長い間トリケラトプスの前あしの姿勢が間違って復元されてきたことを明らかにしましたが、この研究も素朴な疑問が出発点でした。

「恐竜は爬虫類のようなガニ股姿勢ではないはずなのに、なぜトリケラトプスの前あしはワニのようにヒジを横に張り出した形に復元されているのだろう？」と、恐竜が大好きだった子どもの頃から不思議に思っていたのだそうです。

大学院生になって調べた結果、「小さく前へならえ」のように手の甲が外側を向いた姿勢でヒジは横に突き出していなかったことを突き止めました。まだまだそういう発見はあると思います。

二〇一五年に地球館がリニューアルされたとき、恐竜展示室も一部の展示を入れ替えてプチリニューアルしましたが、その際、この展示室で研究した若手研究者の方たちに、「私は科博でこの化石を研究して、こんなことがわかりました」という研究のプロセスを語っていただく映像コンテンツを加えることにしました。

一九九九年のオープン時は、標本も海外から購入し、それについて語っていただく研究者もすべて海外の方でしたが、一六年経って、科博のこの展示室で日本人が研究した成果をお伝えできるようになったというのは、大きな成果です。

私が科博に就職した頃は、まだ博士課程で、恐竜研究を希望するなら海外留学するしかない時代でしたが、それでも恐竜を勉強したいという学生がたくさん訪ねてきました。私はそういう学生たちが来ると、博物館休館日などを利用して、科博の展示室の中で実際に標本を計測したり、調べたりしてもらうことにしていました。

この小さな経験から出発して、将来的にもっと研究をしてもいいし、海外の大学院に留学の出願をするときに、「私は科博のこれを研究して、こういう学会発表をしました」と願書に書けることが、とても重要になります。書類審査を受ける上での強みになるのです。だから、「恐竜研究をしたかったら、まずはそれを目指してそれぞれ自分で研究テーマを作って研究しよう」と話し、ほぼすべての展示標本を誰かに割り振って、みんなで研究してもらっていたのです。

若手研究者の方へのインタビューは、それぞれの映像コンテンツのトップページにありますので、ぜひご覧いただけたらと思います。

「考えるモード」への切り替え

常設展示室は、恐竜博などを開催している特別展示室に比べると、ずっと小さなスペースです。「あ、恐竜だ！」と興味津々で入ってこられたあと、ぐるりと数分見渡してさっとお帰りになってしまう方も少なくありません。でも、中には一時間以上かけてゆっくり展示をご覧になっている方もいます。ゆっくりご覧になる方はもちろん恐竜が大好きな方だと思いますが、実は面白い調査結果があるんです。

常設展示室を訪れた方をランダムに抽出して、展示室の中での行動を調べる調査をしてもらいました。Aさんはこの展示の前で何分、そのあとこっちで何分、Bさんはあの展示の前でちょっと立ち止まったあと、ぐるりと回っただけですぐに展示室から出ていった、という具合に、その方の動線を平面図に記録していきます。

その結果を解析したところ、ある展示の映像コンテンツをご覧になったあとに、滞在時間が長くなる傾向があることがわかりました。ある展示というのは、ステゴサウルスとスコロサウルス（アンキロサウルスの仲間）を並べて展示してある場所です。

滞在時間が長くなるきっかけのステゴサウルスとスコロサウルス（提供：真鍋真 国立科学博物館）

ほかの展示でも映像コンテンツを流しているのに、なぜそこだけそんな違いが出たのでしょうか。調査報告は、その映像を見ると標本の見方が変わるのだろうという仮説を導いています。ほかの映像と何が違っていたかというと、その映像だけが対立仮説を出していたのです。

例えば、仮説Aは「ステゴサウルスの背中の板は体を大きく見せたりするため」、仮説Bは「ラジエーターのように背中の板を風で冷やせば、その部分の血液の温度が下がるため、体を冷却することができる。反対に、温めると体全体が温まる」、仮説Cは少し異説で、「興奮したり怒ったりすると血流量が多くなり、背中の板が急に赤くなったりしたんじゃないか。怒っているという意思表示をすることで、周りの恐竜たちが警戒したんじゃないか」というものです。

映像の中では特に「みなさんはどう考えますか」とは呼びかけていないのですが、全然違う説を聞いたときに「本当にそうなのはどれか?」「自分だったらあの説がいいように思う」みたいに考えるモードに入り、ほかの展示を見たときにも自分なりに考え始めるので、滞在時間が長くなるのではないかと考察しています。不思議に思う、疑問を持つ、考える、というのは先ほどからお話ししているように、研究の第一歩です。

常設展示室にお越しになったら、映像解説もどんどんご覧になって、標本たちの新しい魅力を「発掘」していただけたらと思います。

恐竜の骨の楽しみ方

「『恐竜の骨を観察してみてください』といわれても、どこを見たらいいのか、何を見たらよいのかわからない」というご質問をいただくこともあります。「上腕骨がどうした、大腿骨がどうしたみたいな話をされても頭に入らない」とおっしゃる方もいます。でも、大腿骨も上腕骨も人間にもある骨ですから、そんなに難しく考えなくて大丈夫です。

みなさんをお迎えするヒトと始祖鳥の骨格標本（提供：真鍋真 国立科学博物館）

私たち研究者も恐竜の勉強を始める最初は、たいていの場合、人体の勉強からスタートします。一番詳しく研究されている人体の解剖学から始めて、そこからほかの哺乳類や鳥類、爬虫類、恐竜へと、自分の知識や勉強の対象を広げていきます。

そのため、常設展示室の入り口のところに、ヒトと始祖鳥の骨格標本を並べることにしました。骨の名前の対照表も一緒に展示してあるので、「尺骨だったらここの骨なのね」「これだけ大きさや形や動きが違うのか」など、自分の体と比較しながら恐竜の骨格を見ていっていただけると、より恐竜への理解や興味関心が広がるのではないかと思います。

「子どもや孫が恐竜好きなので、自分も話についていきたいけれど、どこから覚えればいいかわからない」という方もいらっしゃいますが、恐竜ごとに特徴が違うので、「恐竜を楽しむなら、やっぱり頭骨です」とか「いやいや、恐竜通だったらやっぱり脚でしょう」とは、一概にいうことはできません。

不特定多数の恐竜に共通するような「ここを見ると面白い」というアドバイスができたらいいのですが、それは難しいので、逆にいうとご自分でテーマを持って、例えば前あしに注目してみようとか、後ろあしに注目してみようとか、指先でも歯でも首でも尻尾でも何でもいいんです。部位を決めて比較してみてはどうでしょう。これなら、どんな展示室でもどんな恐竜展でもできるので、私のおすすめの方法です。

部分部分で見ていくと、この恐竜とこの恐竜は似ているけれど、こっちは全然違うというのがわかります。食べ物に関係するので、口や歯の形を見るのも面白いかもしれませんね。

例えば、首と尻尾の長い四足歩行の竜脚類の一例として、科博にはアパトサウルスが展示されています。

アパトサウルスやディプロドクスには、鉛筆が並んでいるような歯をしているものがいます。上下が咬み合わない櫛のような歯で、木の枝ごと口に含み、ずるずるずるっと引っ張り、枝から葉をこそぎ落とすようにしたのではないかと想像されています。クマデを使

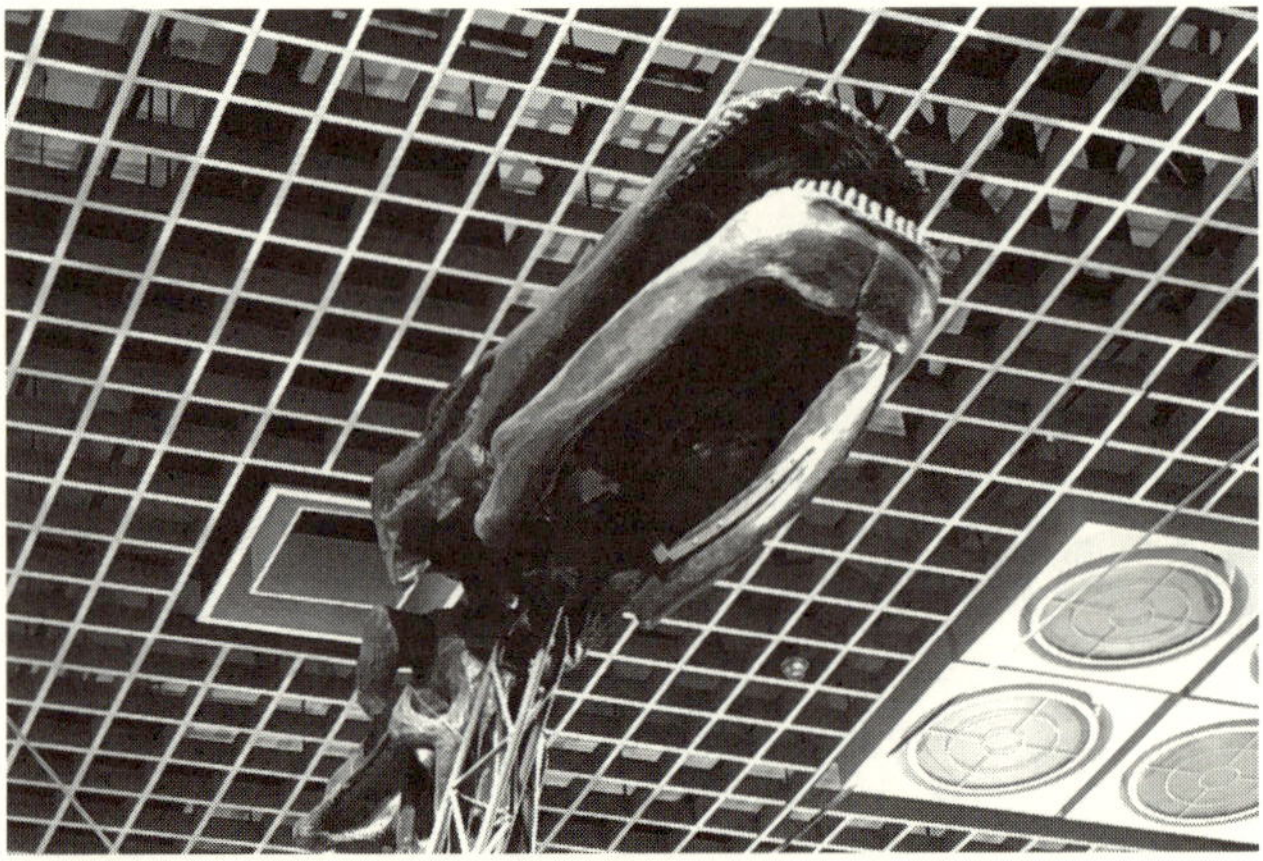

アパトサウルスの歯は鉛筆のように細くとがっている（提供：真鍋真 国立科学博物館）

って、落ち葉をかき寄せるような感じです。

あの歯と顎では咀嚼はできないので、こそぎとった葉は、そのままごっくんと飲み込むしかありません。体が大きいのは、丸ごと飲み込んだ大量の葉を時間をかけて消化するための長い腸が必要だからです。

上下の歯で咬んで、植物を咬みちぎることのできるカマラサウルスのような竜脚類もいます。葉を咬みちぎってあとは飲み込むだけですが、多少は細かく切れるので、ディプロドクスたちに比べれば効率がよくなったわけです。

では、ディプロドクスのような櫛の歯よりも、カマラサウルスのような歯のほうが進化しているのかというと、さらに多様化してくると、また櫛のような歯を持つティタノサウルス類が現れます。一見単純な形に見える櫛の歯をしているのに、実は原始的ではないという現象が、白亜紀になって起こります。

おそらく、植物が変わったせいだと思います。それまでの植物は、裸子植物のシダやソテツだったのですが、被子植物が出現したのです。植物が変われば、もとの櫛のような食べ方のほうが合っていて、だから、櫛に「戻った」のかもしれません。

トリケラトプスのような角竜も、二足歩行だった恐竜が四足歩行になり、頭の位置が地面に近くなって、丈の低い植物を食べるようになりました。角竜の口の先端はくちばし、口の中には植物をハサミのように切り刻む歯の塊を持つようになりました。

どうしてそんな口と歯をしているのかな、というところを入り口に、少し調べてみるだけでも、面白くなってくると思いますよ。

展示物ガイド1　竜盤類

常設展示室は、わかりやすいように恐竜の系統図に従った展示にしてあります。進化の道筋が空間的にもわかるようにしたかったからです。中央のすり鉢状の円形部分に竜盤類、その周りを取り囲むように鳥盤類の恐竜が配置されています。

デイノケイルスが含まれるオルニトミムス類は展示されていませんが、デイノケイルスを系統図にそって、この空間に展示するとしたら、ティラノサウルスとシチパチの間に入ります。

限られた空間ですので、新しい標本を追加したり展示を更新したりすることは、なかなか難しいのですが、もし展示室内の化石を自由に動かせるとしたら、ティラノサウルスの右側にヘレラサウルス、シチパチの左側にデイノニクス、さらに始祖鳥を配置します。

そうすると、三畳紀のヘレラサウルスから、白亜紀にはティラノサウルスやデイノケイルスのような大型の獣脚類が進化したこと、獣脚類は大型化するだけではなく、小型のものも進化していたこと、その中でジュラ紀に始祖鳥を経て鳥類が進化したこと、羽毛はテ

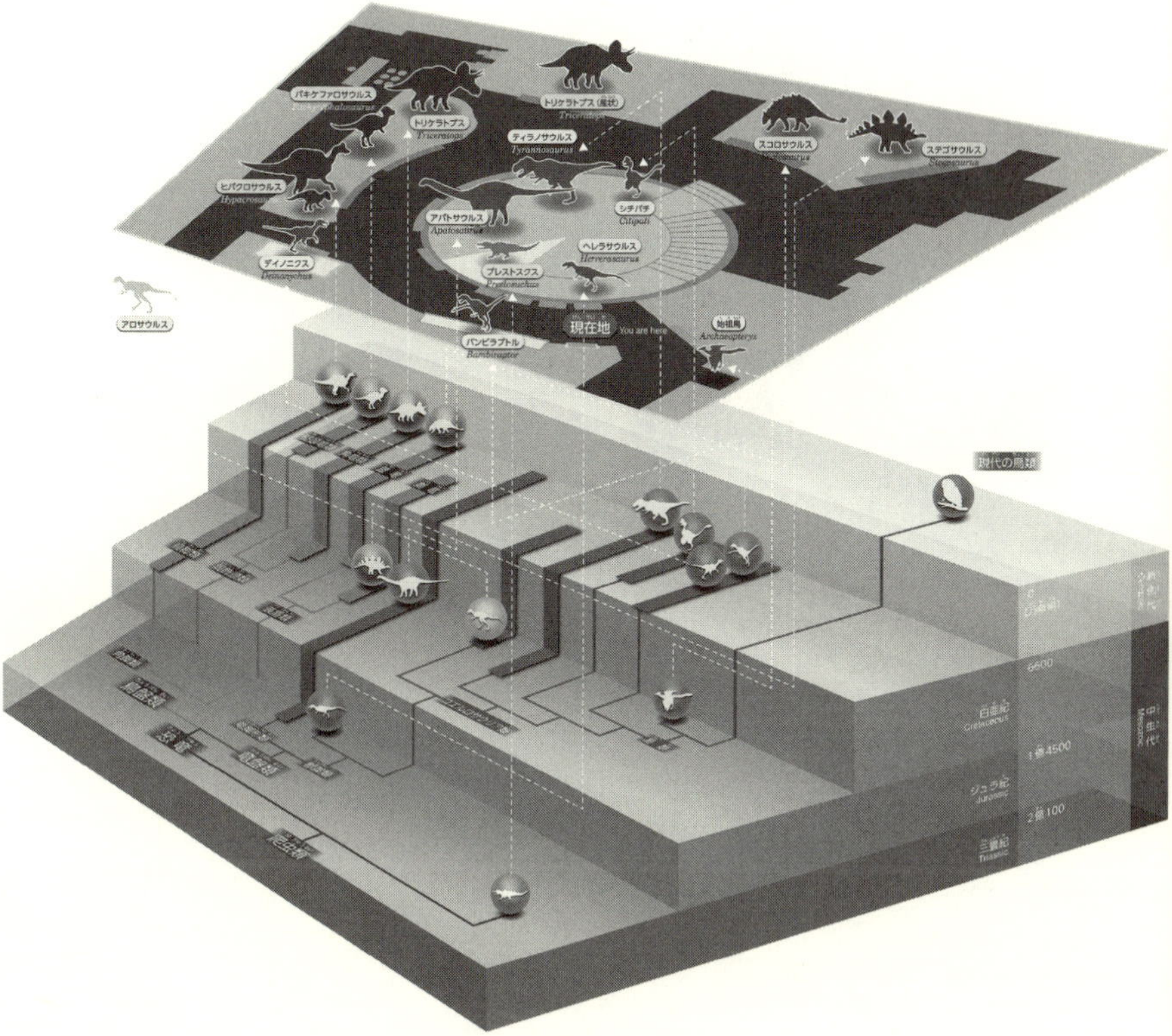

地球館地下１階の案内図。
恐竜の分類も丁寧に説明（提供：国立科学博物館）

ィラノサウルスですでに進化していて、シチパチのように抱卵したり、子育てをするなど鳥類的な行動がすでに始まっていたことなどを、わかりやすく解説できるのではないかと思います。

アパトサウルス（竜脚類）

アパトサウルスは圧巻の大きさ（提供：真鍋真 国立科学博物館）

常設展示室で一番大きなアパトサウルスの標本は、全長一八メートルあります。竜脚類は首と尻尾が長い四足歩行の恐竜で、昔は長い首を伸ばしてキリンのように高所の植物を食べていたと考えられていました。しかし、首の構造を調べてみると、基本的には水平方向に動かすことに適していたことがわかってきました。どうやらあまり体を動かさずにひとところに留まって、長い首を横に伸ばしながら広い範囲の植物を食べていたようです。

そのため、本来なら水平に伸ばした状態で展示したいのですが、それでは展示室に入りきりません。そこで、許容範囲といえる高さまで首を上げた状態で復元していただきました。そのかわりというわけではないのですが、見上げるだけではなく、首や頭を近い位置からも見ていただけるように、階段をつけて中二階のバルコニーのような場所を作っていただきました。これは、展示室を設計してくださったデザイナーさんのアイデアです。

ティラノサウルス（獣脚類）

今、展示されているのは、「バッキー」の愛称で知られる全長十・三メートルの標本で、「恐竜博２０１１」のときの目玉の展示として科博にやってきました。このとき、ティラノサウルスがしゃがんだ姿勢で獲物を待ち伏せる姿を、世界で初めて復元したのです。

あれから八年が経ち、今ではご存じの方も多いと思いますが、それまで何の役にも立たないと考えられていた前あしが、実は立ち上がるために必要なものだったのではないかという説を、視覚的に再現したわけです。しゃがんだ姿勢から重心を前に傾け、前あしで地面を押して立ち上がる可能性がわかったのは、当時最新のコンピュータ・シミュレーションの結果です。二〇一五年のプチリニューアルの際に、これを「恐竜博２０１１」の遺産として展示することにしました。

一九九九年のオープン以来、常設展示室にすくっと立って、来館者の目を楽しませていた標本は「スタン」というニックネームのついた個体です。今は地球館三階にある「コンパス」という親子のゾーンで見ることができます。

親子のゾーンなので、ティラノサウルスも親子で展示しようということになり、三～五歳ぐらいの子どものティラノサウルスの全身骨格を新しく作ってもらいました。ただし、実はティラノサウルスの子どもの化石はまだ見つかっていません。では、どうやって作ったかというと、東京大学から現在は科博に移られた對比地《ついひじ》孝亘《たかのぶ》さんの研究がもとになっています。

近縁のタルボサウルスの推定三～五歳の化石がゴビ砂漠で見つかっていましたので、對比地さんが研究されていたその化石のＣＴデータをもとに、頭の幅を少し広くするなどして、ティラノサウルス的な特徴を反映させて作ったのです。つまり、「もしもティラノサウルスの子どもが北アメリカで見つかるとしたら、こんな姿です」という仮説を形にしたものなのです。

ですから、本当にこの標本そっくりの化石が見つかってくれたら、想定通りでとてもうれしいのですが、もしかしたら頭の形も手足のプロポーションも、もっと違う形をしているかもしれません。いずれにしても、見つかる日が楽しみです。

なお、コンパスは通常親子しか入れませんので、親子以外の方も入れるようにしてほしいという声があり、今は年に何回かそういう機会を作っています。

これは大人だと結構窮屈なので、大きな声ではおすすめできないのですが、ちょうどテ

「スタン」というニックネームで親しまれているティラノサウルスの骨格標本（提供：真鍋真 国立科学博物館）

コンパスの全景（提供：国立科学博物館）

ィラノサウルスの下に、子どもがハイハイしながら入っていくことができるスペースがあって、そこを抜けると、ティラノサウルスのおなかの下の透明な筒から顔が出せるようになっています。おなかの下からティラノサウルスを見る体験はなかなかできませんので、子どもたちには好評のようです。一九九九年の展示の際にはなかった叉骨や副肋骨の部分も追加してあるので、内側からそこが見られるというのも楽しんでいただけると思います。

シチパチ（獣脚類）

シチパチは、二〇一五年のプチリニューアルの際に加えたもので、全身骨格を巣の上に配置し、抱卵している状態で展示しています。一九九五年に報告されたシチパチの巣は、円形に配置されている卵の上にシチパチの骨格が覆いかぶさるような状態で化石になっていました。この化石では、シチパチの頭骨は一緒に見つかっていません。

第一章で語っていただいたゴビサポートジャパンの高橋さんに、シチパチの骨を取り除いた卵だけの巣を再現して

科博だけのオリジナル、抱卵しているシチパチ（提供：真鍋真 国立科学博物館）

いただき、その上にシチパチの全身骨格を抱卵するように乗せた展示を作っていただきました。下に卵があることが見やすいように、抱卵している親の骨格は少し浮かしたような状態で展示してあります。これは、現時点では世界で科博だけのオリジナルな展示です。

デイノニクス（獣脚類）

「恐竜博２０１９」の会場では、恐竜研究を転換させた歴史的標本として、スポットライトを浴びたカギヅメがかっこよく展示されていたデイノニクスも、常設展示室ではみなさんが三六〇度どの角度からも見ることができるように、くるくる回転しながら来館者を待っています（私は密かにこれを「鳥の丸焼き」と呼んでいるのですが、夢を壊すといけないので子どもさんたちには内緒です）。

実をいうと、常設展示を考える際、最初に浮かんだのは、トリケラトプスがくるくる回る展示ができないかというアイデアです。「さすがに、それは大きすぎてできません」と展示デザイナーの方にやんわりと断られたのと、恐竜研究の意義を考えると、歴史を大きく変えることになったデイノニクスの発見をお伝えしたほうがいいだろうということで、壁面のガラスケースの中で、くるくる回るデイノニクスの展示を作りました。

ボタンを押すと電気仕掛けで回り始めるのですが、回転している実物標本と目の前のモニターの中のＣＧの標本の動きが同期していて、標本が回転して足のカギヅメが上にくると、画面上に「足のツメ」の表示が現れて、そこを押すとオストロム先生ご本人が解説する映像が流れる、というような仕組みです。同期のタイミングがずれないように合わせるのがなかなか難しくてご苦労されたようなのですが、よくできていると思います。

第四章の東京スタデオさんのお話のところで、いかに企画する私たちが無理な思いつきや夢を好き勝手に語って展示デザイナーのみなさんを困らせているか、おわかりになったと思いますが、企画展示でも常設展示でも、見てくださるみなさんに喜んでいただきたいという思いと、それを実現してくださるプロの方の力があって、実現していることばかりです。みなさんには、本当に感謝しています。

バンビラプトル（獣脚類）

展示室に入って左側の湾曲した壁にある、真っ白な羽毛に覆われたバンビラプトルの生体復元模型は、まるで剝製のような出来栄えですが、もちろん剝製ではありません。羽毛恐竜を表現するのはなかなか難しいのですが、「恐竜博２００５」のときに、たまたまい

デイノニクスはどの角度からも見ることができる（提供：真鍋真 国立科学博物館）

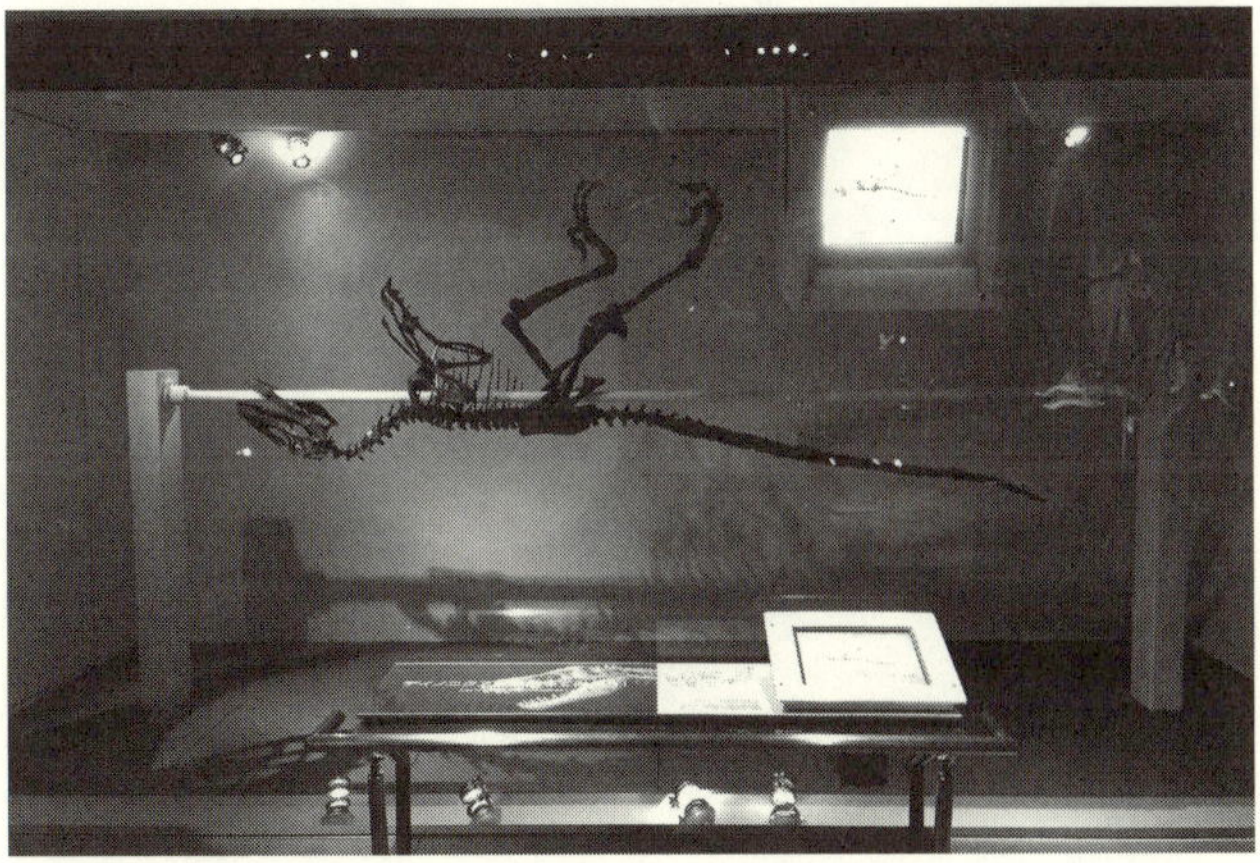

回転するデイノニクス（提供：真鍋真 国立科学博物館）

らしていたオーストラリアのアーティストの方とお話ししているうちに思いついて、お願いして作っていただきました。

恐竜の色がわかるようになったのは二〇一〇年のことなので、依頼したときはまだ恐竜の色はわからないというのが前提でした。でも、これだけリアルな生体復元模型を作ってしまうと、あたかもそういう色の羽毛を持った恐竜が実際に生きていたと誤解させてしまう危険性があります。色を印象づけないためというのと、自然界では一定数のアルビノ（白子）の個体が生まれますから、ごく稀なことかもしれないけれど、白い羽毛の個体はいたはずです。それで、白いバンビラプトルを作っていただきました。

少しかっこよく作っていただいたので、厳密にはアルビノ個体とはいえないのですが、羽毛の生えた獣脚類を代表して、ガラスケースに収まってもらいました。

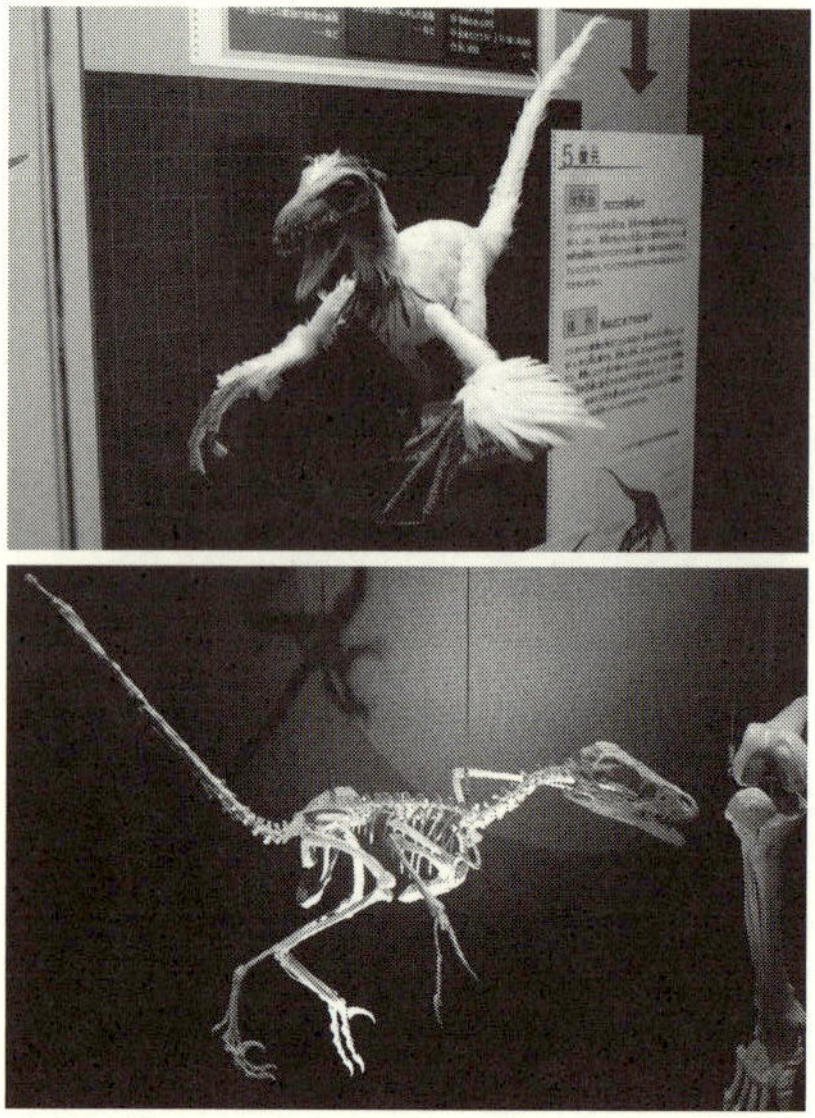

上：剥製にも見えるバンビラプトルの生態復元模型（提供：国立科学博物館）　下：バンビラプトルの骨格（提供：国立科学博物館）

展示物ガイド2　鳥盤類

ヒパクロサウルス（鳥脚類・ハドロサウルス類）

第一章、第二章に出てきたチンタオサウルスと同じハドロサウルス類（カモノハシ竜／カモハシ竜）の恐竜です。田中さんのフィギュアのところでもご説明しましたが、この仲間の恐竜は「デンタルバッテリー」という何百本もの歯の塊を持っていて、口に入れた植物を磨りつぶすことができるのが大きな特徴です。

哺乳類の場合は、下顎を回転させることによって上下に圧縮するだけではなく、左右に磨りつぶすようにして植物繊維を分解します。ウシがもぐもぐと口を動かしている様子を、思い出してみてください。

ハドロサウルス類の場合は、下顎を動かすのではなく、

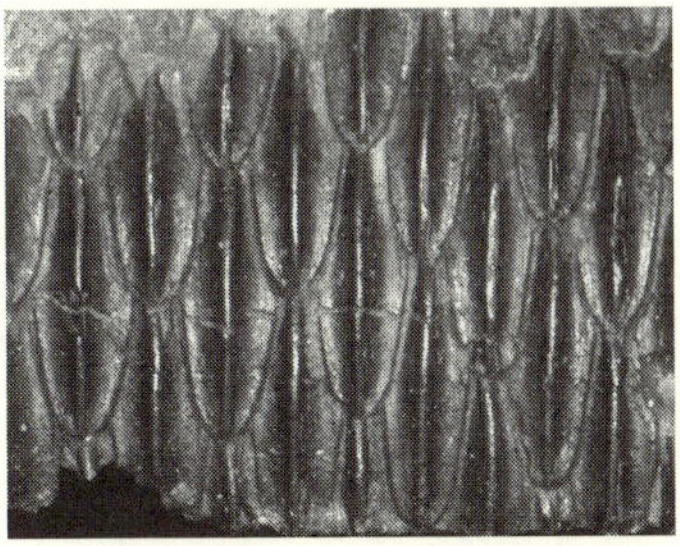

デンタルバッテリーと呼ばれる歯の貯蔵庫（提供：真鍋真 国立科学博物館）

右：ヒパクロサウルスの親子（提供：真鍋真 国立科学博物館）　左：カモハシ竜の咀嚼（提供：真鍋真 国立科学博物館）

咬んだときに上顎が少し横にたわんで広がるというか、上顎が横に押し出されるような構造になっているんです。ぐっと咬んで上下に押すと同時に、広い咬合面が左右にスライドして磨りつぶされる構造です。

言葉で説明してもわかりにくいと思いますので、この動きを再現して実際に見ていただきたいと思い、植物を咬んでいる様子がわかるロボット（上の左の写真参照）を作ってもらいました。白い頭骨だけのロボットです。

口の中のため見えない歯の咬合面もご覧いただけるように、すぐ下に下顎の模型も置きました。爬虫類のイメージが強かった頃の恐竜の食事は、咬んで丸呑みするようなイメージでしたが、実はすごく効率よくできていることを実感していただけたらと思います。単にボタンを押すと動くのではなく、説明と連動してもぐもぐ動き出す仕組みになっています。

パキケファロサウルス（周飾頭類・堅頭竜類）

パキケファロサウルスは一九九九年のオープンのときから展示していたのですが、そのときはレプリカの全身骨格が、頭で相手の腹を押している特徴的な様子を再現したものだけでした。その後、実物化石を購入して、二〇一五年のプチリニューアルの際に追加したのです。

どんな展示にしようか迷ったのですが、せっかく実物化石の率が高い標本を手に入れたので、どこが実物化石でどこがレプリカなのか、わかるような展示にすることにしました。茶色い部分が実物化石で、白い部分がレプリカの全身骨格になっています。なぜそのような展示にしたのかというと、全身骨格を見た方に「これは一〇〇パーセント実物なのですか？」と聞かれることが多いので、ぱっとひと目でわかる展示にしてみたらどうだろうと思ったからです。

始祖鳥のような小さなものなら全身揃った状態で出てくることも珍しくありませんが、

存在感を放つパキケファロサウルス（提供：真鍋真 国立科学博物館）

数メートル以上の恐竜の場合は、指先や頭などの外れやすいところはどこかに行ってしまって、なかなか揃って出てくることはありません。「むかわ竜」もさすがに指先までは揃っていませんが、八メートルクラスの大きさであれだけ出てきた標本は、本当にすごいことなんです。

実物化石と複製を一目瞭然の状態で展示する手法は、まだ世界中どこもやっていない、かなり実験的な展示です。このパキケファロサウルスの「実物部分がひと目でわかる」全身骨格の評判は、まだきちんとサンプリングしていませんが、あと一歩だったなと思っています。違いが明確にわかるということは重要なのですが、展示室ということを考えると、白と茶の色分けはコントラストがありすぎて、見た目の美しさに難があります。

今のところ展示を変える話は出ていませんが、機会があればレプリカ部分は白ではなく薄い茶色にするなどして、よく見れば違いはすぐにわかるけれど、全体としての統一感もある。そういう展示にできればと思っています。

トリケラトプス（周飾頭類・角竜）

展示室には半分地層に埋まった状態の産状化石（実物化石）と、全身骨格（レプリカ）とがあります。一九九九年のオープンの際には産状化石だけが展示されていました。

トリケラトプスは、北米（アメリカとカナダ）にしかいなかった恐竜です。一八八七年に学名が記載されて以来、発掘が続けられていますが、いい状態の化石だといえるものはざっくりいって五〇体ぐらいしかありません。中でも科博の産状化石は、一番よい化石だといわれています。それはどういう意味かというと、頭と胴体がつながった状態で見つかったものは、科博のものを入れてこれまでに二体しか見つかっていないからです。

トリケラトプスは頭が大きいので、骨だけになってしまうと重くて外れやすいのだと思います。だから、見つかっても首なしだったり、反対に頭だけがごろっとあったり、ということが多いのです。ですが、科博の産状化石は、地表面に出ていたほうの左半身は風化浸食されてなくなっていたものの、土に埋もれていた右半身はとても状態がよく、頭と胴体がきれいにつながって残っていました。

最初は完全に掘り出して立った状態に組み立てるつもりだったのですが、「つながった

ティラノサウルスに待ち伏せされるトリケラトプス
（提供：真鍋真 国立科学博物館）

状態で見つかったことがすごい」化石です。この標本の価値というか意義を知っていただくのも重要だなと思ったので、この状態のまま保存することにしました。

とはいえ、発掘現場さながらに寝かせたままの展示では、場所もとるし見えづらい。そこで、現在のように斜めに傾けて展示するようにしたのですが、どの角度までなら標本に負荷がかからないのか、地震があっても崩れたりしないのか、さまざまなリスクを回避するためのシミュレーションは結構難しかったですね。

そういうわけで、世界有数の標本が手に入り、私としては来館者にも喜んでいただけると思っていました。もしも誰かに「科博で一番重要な化石はどれですか」と聞かれたら、（いろいろな意味で重要な化石は多々あるのですが）、わかりやすい例として「トリケラトプスの産状化石です」とお答えしたはずです。

ところが、来館者アンケートを実施したところ、「トリケラトプスが見たかったのに、なかった」と書いてあるものがあったんです。書いた方はお子さんでしたが、展示室に入った正面にどーんと展示してあっても、平たく寝ている化石ではトリケラトプスとは認識されなかった！　この展示では、トリケラトプスを見たという満足感が得られないんだということがショックでした。

そこで「恐竜博２０１１」のときに、ティラノサウルスの「バッキー」がしゃがんで狙っている獲物として登場してもらったトリケラトプスを、二〇一五年のプチリニューアルのときに「バッキー」と一緒に展示することにしました。もちろん、冒頭でお話しした藤原さんの前あしの付き方の研究を反映した、「小さく前へならえ」ポーズです。

通路を挟んで向き合っていますので、ティラノサウルスがトリケラトプスを待ち伏せしている臨場感とともに、ご覧いただければと思います。

ステゴサウルス、スコロサウルス（装盾類）

ステゴサウルスのところでは、先ほどお話しした対立仮説の映像を実際に観ていただきながら、ご覧いただければと思います。展示してある個体は体が小さく、尾のスパイクも薄くて短いことから、まだ成長途中の若者であることがわかります。

その隣に展示してあるスコロサウルスは、尾に棍棒状の塊を持つアンキロサウルスの仲間です。オープン時には、エウオプロケファルスというラベルがついていましたが、のちの研究でエウオプロケファルスとは違う仲間であることがわかり、学名だけ変更しました。標本自体は、オープン時と変わっていません。

科博の展示には、肉付けのフィギュアは基本的に使わないようにしているのですが、スコロサウルスのところには、小さな生体復元模型が一緒に展示してあります。全身を鎧で覆った形で復元すると、中の骨格が見えなくなってしまうので、骨格標本のほうは部分的な鎧にとどめ、全身を鎧で覆われた戦車のような全貌は模型で見ていただくことにしたのです。

ただ、前にも申し上げたように、骨と肉では肉のほうの印象が強いので、スコロサウルスの肉付き標本があったら、絶対そちらのほうに目がいってしまいます。ですから、大きな骨格標本を展示したそばに、小さな模型を添えるように展示しました。

中生代最後の日「K/Pg境界」

恐竜の大量絶滅に関する展示は一九九九年当時からありましたが、二〇一五年のプチリニューアルで加えた展示が、展示室の一番奥、「中生代最後の日」コーナーにあるK/Pg境界の地層の展示です。展示の上のモニターでは、この標本から採取した衝撃石英なども表示しています。

K/Pg境界とは地質年代を表す用語で、約六六〇〇万年前の中生代と新生代の境目に相当する地層です。今では、このときに恐竜の大量絶滅を招いた隕石衝突が起こったことがわかっています。

この標本は、科博で岩石学を担当されている佐野《さの》貴司《たかし》さんと一緒に、コロラド州デンバーにある地層の崖から、直接剝ぎ取ってきました。詳細は省きますが、ある種の接着剤を染み込ませ、乾いたところでべりべり剝がすと、染み込んだところまでが、きれいに剝がれてくれるんです。

中生代最後の日の地層（提供：真鍋真 国立科学博物館）

本当は奥の壁一面を地層の展示にして、K/Pg境界の下からはティラノサウルスやトリケラトプスのような大型恐竜の化石が出てくるのに、ここを境目にしてその上からは全く出てこない。それをあたかも崖の前に立って見ているような展示にしたかったのですが、さすがに一面の崖というわけにはいきませんでした。それでも、正真正銘本物の地層です。

壁面展示にもひと工夫

常設展示室の入り口から展示室内までの通路は、恐竜の基礎知識が学べるコーナーにしました。化石が発見されてから標本になるまでの作業の様子や、恐竜の分類、地球の歴史なども網羅してありますので、恐竜のことをあまり知らない方でも、ここをまずご覧になっていただくと、だいたいのことはおわかりいただけると思います。

パネル展示が中心ですが、壁だと思って通り過ぎてしまわずに、こちらもご覧いただけたらと思います。

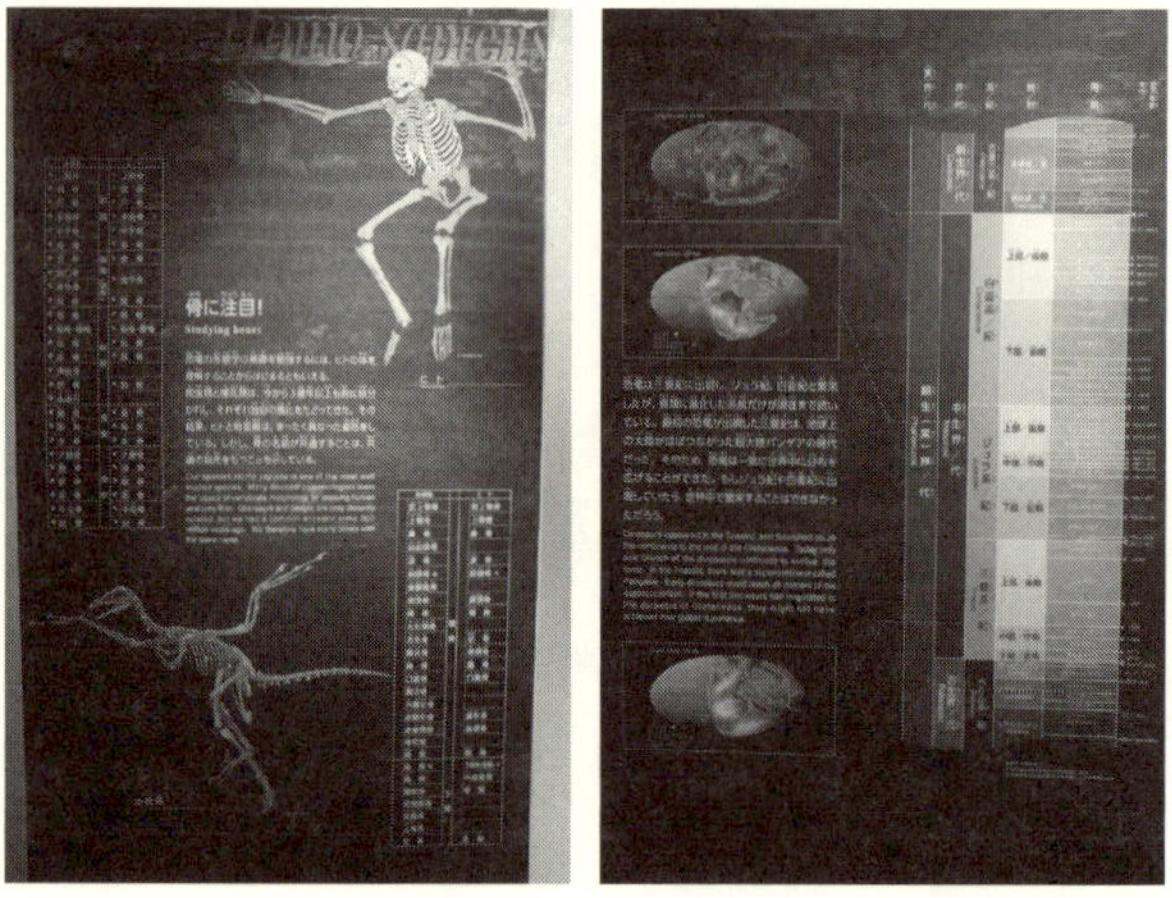

恐竜のことがよくわかる展示の数々（提供：国立科学博物館）

日本館の恐竜たち

地球館ができるまで、日本館に展示されていた恐竜たちの消息についても、少しふれておきましょう。入り口正面にタルボサウルスとマイアサウラの全身骨格が、展示室内にアロサウルスの全身骨格があったことを、覚えていらっしゃるでしょうか。

タルボサウルスはレプリカの復元骨格、アロサウルスとマイアサウラは実物化石の入った標本です。本来だったら、これらの標本も常設展示室に入れたいところですが、日本館での展示は二〇〇四年まで続いていたので、それまで外すわけにはいきませんでした。

日本館のリニューアルでようやくお役御免になって、タルボサウルスとマイアサウラは企画展や巡回展、ほかの博物館への貸出などで活躍してもらっています。「恐竜博2019」でデイノケイルスと対峙させたタルボサウルスは、このタルボサウルスです。第一章で高橋さんがしゃがんだ姿勢に直したと話していらっしゃった、あの標本です。

アロサウルスは、カリフォルニアに住んでいた三重県出身の小川勇吉《おがわゆうきち》さんという一個人の方が、日本の子どもたちのために寄贈してくれた標本で、一九六四年から展示されてい

以前、日本館正面でみなさんをお迎えしたタルボサウルスとマイアサウラ（提供：国立科学博物館）

ます。それまで科博には実物化石を含む恐竜が一体もなかったので、記念すべき第一号の標本です。

科博の恐竜展示の歴史に残る展示物なので、二〇一五年の地球館リニューアルのときに、地球館一階にある「地球史ナビゲーター」コーナーの象徴的な存在として展示することが決まりました。昔のゴジラ風の姿ではなく、尻尾を伸ばした生き生きとした最新研究の姿で、来館者をお待ちしています。子どもの頃に科博の展示で恐竜を見てくださった経験がある方には、懐かしい標本だと思います。

駆け足の説明になってしまいましたが、紹介したいことはまだまだあります。常設展示室も特別展に負けないくらい、さまざまな思いがこもっています。ふらっと標本を見に来ていただくだけでもうれしいですし、連れ立って恐竜談義に花を咲かせていただけたら、望外の喜びです。

おわりに

「恐竜博２０１９」は七月一二日に開幕式が予定されているので、あと一ヶ月を切ってしまいました！　「恐竜博２０１９」には九〇点ほどの標本や全身骨格が展示されますが、海外からの借用標本は今、次々と飛行機で日本に向かっています。

一昨日は音声ガイドの収録をしてきました。音声ガイドは主にプロのナレーターの方が読んで、ところどころに研究者が解説を入れるのが普通です。

今回は、放送作家の鈴木おさむさんと真鍋の対話形式の音声ガイドを作ることになったのですが、二人の会話が弾みすぎて、最初のコーナーから大幅に時間オーバーになってしまいました。

私は、いろいろな展覧会を見るときに必ずといってよいほど音声ガイドを借りる、音声ガイドファンです。標本や作品を「見る」ことと解説を「聴く」行為は両立するので、じっくりと「見る」「聴く」、そして考えたり、感じることができると思っています。しかし、解説が長すぎると両立しなくなります。

鈴木さんや朝日新聞社の佐藤洋子さんたち（91ページ）と、内容や長さを検討しながら、収録を行いました。展覧会の最初のゾーンは、みなさん熱心にパネルの解説を読む傾向があるので、音声ガイドが長いと、展覧会場に交通渋滞を生じさせてしまいます。これから音声ガイドを製作するアート・アンド・パート社のみなさんと、内容をさらに絞り込んでいかなければなりません。

今日は土曜日ですが、国立科学博物館の会議室に集合して、展覧会の図録の校正作業を行っています。図録の編集を担当してくれているNHKプロモーションの山科芳夫さん、国立科学博物館　標本資料センターの坂田智佐子さんの指示のもと、国立科学博物館　地学研究部の對比地孝亘さん、英文原稿の翻訳を数多く担当してくれた東京大学大学院修士課程の石川弘樹さん、国立科学博物館　企画展示課の小松孝彰さん、深澤茜さん、NHKプロモーションの野邊地章太さん（91ページ）、童夢の山本悠史さん、そして真鍋がページごとに校正紙を読みながら、誤字脱字、表現、用語の使い方、データの最終確認をしています。並行して、国立科学博物館　企画展示課の佐々木とき子さん、三浦かおりさんたちは交通広告などの校正、外国語用の音声ガイドの原稿のチェックをしてくれています。

本書では、恐竜を「魅せる」仕事のほんの一部しかご紹介することができませんでしたが、本書を通して、恐竜と博物館をこれまで以上に好きになってくださる方がいらっしゃったら、嬉しいです。

本書はＣＣＣメディアハウスの山本泰代さんが企画し、長井亜弓さんが取材し、真鍋と一緒に本の形にしてくださいました。素敵なデザインにしてくださった横須賀拓さんに、感謝しています。

そして、恐竜を魅せたり、恐竜に魅せられたり、さまざまな形で恐竜と博物館のまわりに集まってくださるみなさんに、心よりお礼申し上げます。

真鍋　真

二〇一九年六月一五日

【カバー】 ティラノサウルス骨格図「VxRダイナソー®」より
監修：国立科学博物館（担当：標本資料センター コレクションディレクター 真鍋 真）
製作・著作：凸版印刷株式会社
【帯表】 トリケラトプス（産状化石） 提供：長井亜弓 撮影協力：国立科学博物館
【帯裏】 「むかわ竜」全身復元骨格、デイノケイルス全身復元骨格
【帯そで表】 デイノケイルスとタルボサウルスを対峙させた模型
デイノニクス 提供：真鍋 真、国立科学博物館
【帯そで裏】 ティラノサウルス全身骨格 提供：国立科学博物館
【表紙、別丁扉】 デイノケイルス全身骨格図 ©Genya Masukawa

恐竜《きょうりゅう》の魅《み》せ方《かた》
展示《てんじ》の舞台裏《ぶたいうら》を知《し》ればもっと楽《たの》しい

2019年7月26日 初版発行

著 者 真鍋《まなべ》 真《まこと》

発行人 小林圭太

発行所 株式会社 CCCメディアハウス
〒141-8205
東京都品川区上大崎3丁目1番1号
電話 販売 03-5436-5721
編集 03-5436-5735
http://books.cccmh.co.jp

印刷・製本 株式会社 新藤慶昌堂

編集協力 長井亜弓

ブックデザイン 横須賀 拓

校正 株式会社 文字工房燦光

ISBN 978-4-484-19224-6